完美烘焙术系列

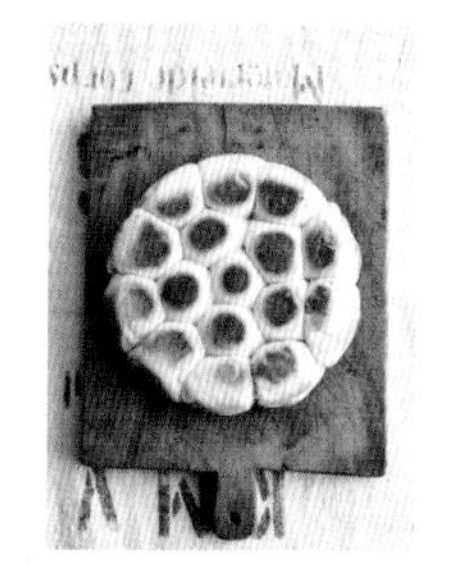
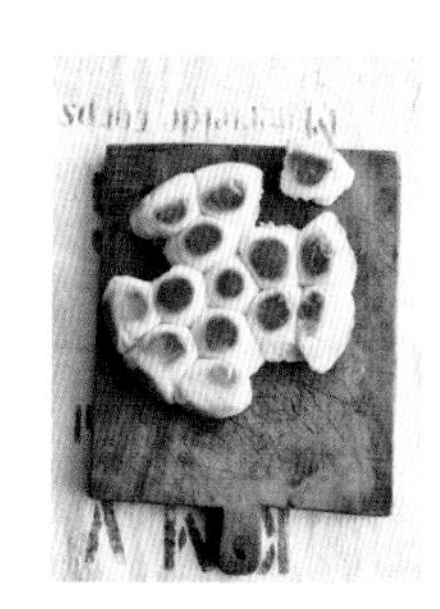

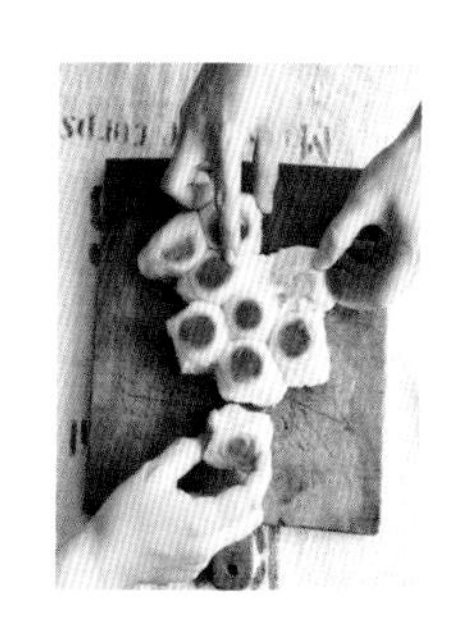

好吃的平底锅手撕面包

日本橘香出版社　编著

新锐园艺工作室　组译

李莹萌　杜　然　　译

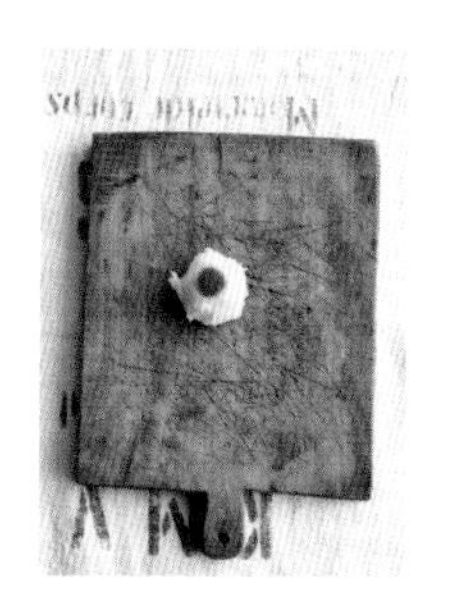

中国农业出版社

北　京

用平底锅就可以烤出的手撕面包！

将软软的连在一起的圆形面包，慢慢地逐一撕开。
“手撕面包”的魅力在于可爱的外表，以及可以享受撕开来吃的乐趣。
试着在家里亲手制作吧！

这本书介绍的是不用烤箱就可以烤出“平底锅手撕面包”。
为了让新手也可以成功地做出好吃的面包，
从材料的搭配到制作过程都进行了全面且详尽的讲解。
为您送上最容易上手的特制食谱。

1 不需要烤箱和模具，
只要有平底锅就可以进行烘焙！

2 用平底锅就可以完成发酵和烘焙全过程！
一般面包的制作过程需要花2～3小时，现在可以缩短一半的时间。从揉面到面包烤好，大约只需70分钟！

3 每天都想吃的、松软又筋道
的正宗美味！

想吃的时候，随时都可以制作，享受刚出炉面包的绝妙美味。
书中共记载了近100种平底锅手撕面包创意配方。
该烤哪一种面包呢？犹豫的时刻也会感到一种制作乐趣。
像平常做饭一样，多尝试做几次吧！
基础篇为大家介绍了零基础也不会失败的平底锅手撕面包，
不需要烤箱、模具或其他特别的道具，只用一把平底锅就能轻松完成！
进阶篇则推出味道和形状都各不相同的7类升级版平底锅手撕面包！
1～5类用酵母发酵，6～7类用自发粉制作。
制作简单，味道却不简单哦！
这是初次制作面包的人也可以放心使用的特别食谱！
制作和食用起来都让人愉悦的平底锅手撕面包，一定要尝试一下哦！

平底锅的使用要点：

尺　　寸	•根据手撕面包的形状，选用直径20厘米或26厘米的平底锅。在食谱中写有“使用直径x厘米的平底锅”时，请确认。
形状和厚度	•选用侧边接近垂直的平底锅（底面不会变窄），做出的面包形状漂亮。 •不论平底锅的锅底薄还是厚，都可以用于制作手撕面包，只是烤出来的面包颜色有差别。根据面包的颜色来调整烘焙的时间。
锅　　盖	•请使用圆形、没有气孔的锅盖。

食谱中的标记和注意事项：

- 1大匙容量是15毫升，1小匙容量是5毫升，1杯容量是200毫升。
- 以600瓦微波炉的加热时间为基本标准。500瓦微波炉的加热时间为600瓦的1.2倍，700瓦为4/5。依据种类的不同稍有差异。
- 以1000瓦电烤箱的加热时间为基本标准，依据种类的不同稍有差异。
- 请使用中等大小（净重约55克）的鸡蛋和有盐黄油。
- 本书中有提到盖上保鲜膜后放入微波炉加热，请事先确认使用的保鲜膜是否允许微波炉使用。
- 薄布指烤箱专用防水薄布。

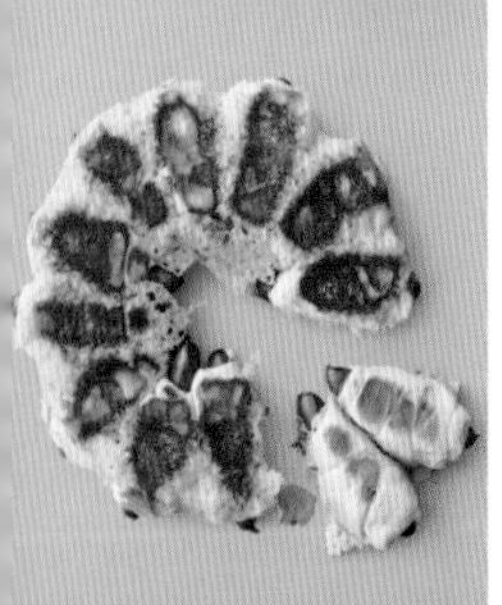

目录 Contents

进阶篇　7类升级版平底锅手撕面包

chapter 1　手撕热狗面包

chapter 2　手撕油炸面包

chapter 3　手撕面包卷

chapter 4　手撕英式小松饼

chapter 5　手撕佛卡夏

chapter 6　用自发粉做手撕司康

chapter 7　用自发粉做手撕蒸面包

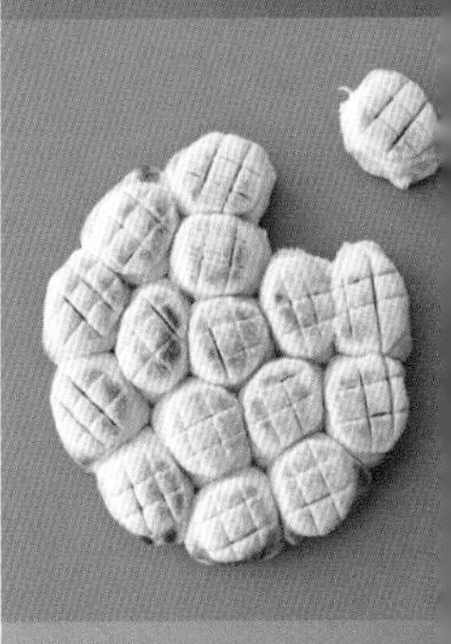

基础篇

传统平底锅手撕面包

- 简易手撕面包
- 甜点手撕面包
- 咸味家常菜馅手撕面包
- 手撕面包三明治
- 特制手撕面包
- 奶香手撕面包

chapter

1

简易手撕面包

首先要从基础手撕面包做起。
面包的制作过程是相似的，
请仔细阅读本书后尝试做做看。
用平底锅进行发酵与烘烤，
请关注一些独特的手法。
书中也会介绍大量的简易方法。

基础手撕面包

让人不会感到腻的淡淡的甜味，很温和，激发人们想吃的欲望。

撕开刚烤好的面包，就可以感受到它的松软和劲道。

材料（做一个的量）

=用直径20厘米的平底锅=

高筋粉…………………………… 220克
砂糖……………………………… 30克
盐……………………………… 1/2小匙
牛奶…………………………… 130克
干酵母………………………… 6克
黄油…………………………… 20克

揉成面团后

1 混合材料

在耐热的容器里加入牛奶，不盖薄膜，用微波炉加热30秒，达到体温即可。加入干酵母，快速搅拌（没有完全溶解也没关系）。在另一容器里放入高筋粉、砂糖、盐，再加入牛奶和干酵母，用橡皮刮刀进行搅拌。搅拌至结块完全消失后用手揉成面团，取出后摆在操作台上。

POINT

牛奶是用来促进酵母发酵的，所以需要将其加温。但是，一旦温度超过45℃，酵母的活性就会降低，所以不可以过度加热。如果温度超过体温，在加入酵母前先冷却一下。

2 揉面 4 分钟

用手掌将面团推开，再折叠到面前。一边将面团旋转90°，一边重复以上操作，按揉4分钟左右直到表面光滑为止。

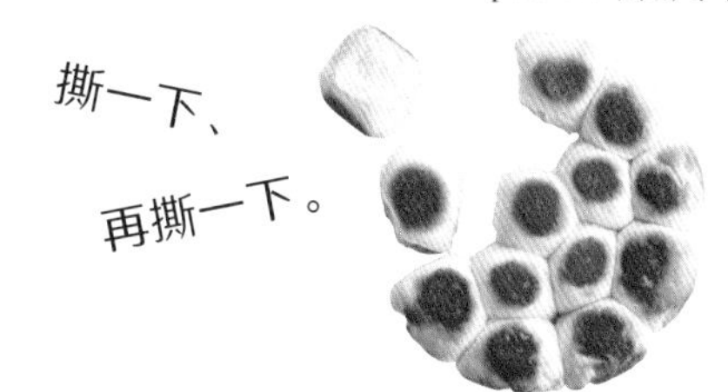

3

加入黄油

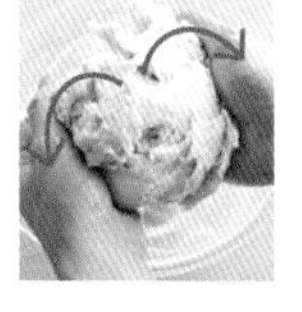

将黄油放入耐热的容器中，不盖薄膜，放入微波炉中加热20秒，使其变软。将步骤2中的面团重新放入容器里，加入黄油，用面团包裹住黄油。然后向外侧拉伸面团后揉圆，重复此动作数次，使黄油和面团完全融合。

POINT

包裹住黄油的面团，在向外侧拉伸的过程中内侧的面会露出来，然后将其揉圆，再次重复向外拉伸的操作，使黄油遍布整个面团。

4

再揉面 4 分钟

将步骤3中的面团取出放在操作台上，和步骤2一样揉4分钟，按揉直到表面光滑为止（刚开始揉的时候会很黏，但不要着急，继续揉就可以，慢慢就揉成面团了）。

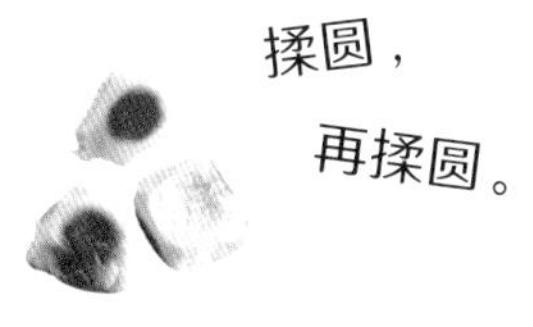

5

切成 4 等份后分别揉圆

将步骤4中的面团切成4等份。切好后分别放在掌心，捏住面团的边缘部分向中央拉伸，慢慢地揉圆至表面呈紧绷光滑状态。将气口紧紧地封好。

POINT

使面团表面光滑的诀窍是轻轻地向中间拉伸面团。揉圆至表面呈紧绷状态后，紧紧地将气口封闭。如果封得不紧，发酵时气体会漏出，则无法烤出蓬松柔软的面包。

用平底锅进行第一次发酵

排出气体·成形

6

用微火加热 1 分钟后，静置 20 分钟

膨胀起来圆圆的，是原来的1.5倍！

向直径20厘米的平底锅里加入1大匙水，然后铺上烤箱专用防水薄布（以下简称薄布）。将步骤5中的面团气口朝下放入锅里，盖上锅盖。用微火（非常弱的火）加热1分钟，再关上火。盖着锅盖静置20分钟左右，直到面团膨胀为原来的1.5倍（这是第一次发酵）。

7

切成 16 等份后再揉圆

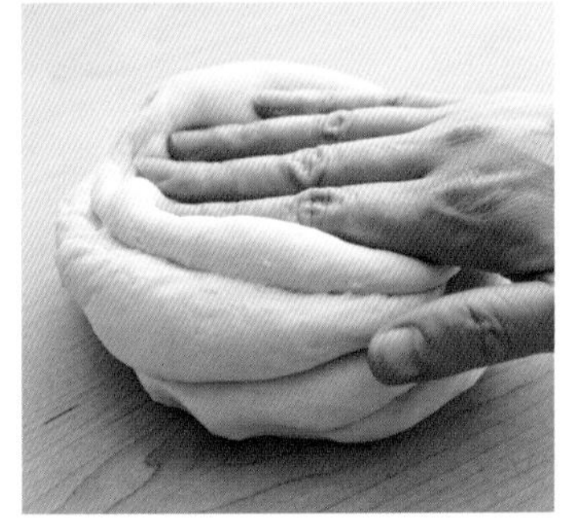

将步骤6中的面团取出放在操作台上，4个面团叠放在一起，用手掌从上面压下去，排出里面的气体。将面团按重量分成16等份。同步骤5一样，揉圆至表面呈紧绷光滑状态，将气口紧紧地封好。

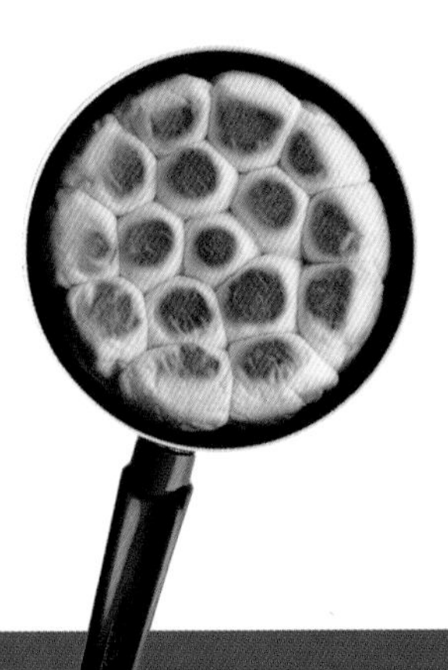

完全膨胀起来了吗？

用平底锅进行二次发酵

烘烤两面

8 再次用微火加热 1 分钟后，静置 15 分钟

又一次膨胀为原来的1.5倍！

将薄布上的水汽擦掉，再铺回烤盘。将步骤7中的面团气口朝上放进锅里，盖上锅盖。用微火加热1分钟后，关上火。盖着锅盖静置15分钟左右，直到面团发酵膨胀到原来的1.5倍（这是第二次发酵）。

POINT

将面团的气口朝上摆放，这样烘烤的颜色会比较均匀。面团的摆放方法如上图，中心放1个，周围5个，剩下的放在外侧，这样就能烤出形状匀称、外观漂亮的面包。

9 烤两面

盖着锅盖，用微火加热8 ~ 10分钟。将面包连同薄布一起取出，放在比平底锅大一圈的盘子里。然后将平底锅从上面盖住面团，使其上下翻转，将面团重新装入平底锅里。拿掉薄布，盖上锅盖，再用微火加热7 ~ 8分钟。将其取出放在网上冷却。

（本分量的热量293千卡*，含盐0.9克）

POINT

选用不同的炉具和平底锅，烤出来的颜色也有差异。为避免烤焦，首先要在上述的较短时间烘烤后确认色泽。烤出来的颜色较浅时，在上述时间的基础上再用微火烤2 ~ 3分钟，使其上色。另外，上下翻转的时候注意不要弄破面团。

保存

未加配料的面团制作的“基础手撕面包”，烤好后可以冷冻保存。起锅后微微冷却，用薄膜紧紧包好，放入冰箱冷冻室中可以保存2周左右。吃的时候在常温下解冻，再用烤面包机或微波炉（松松地包裹着薄膜）加热即可。

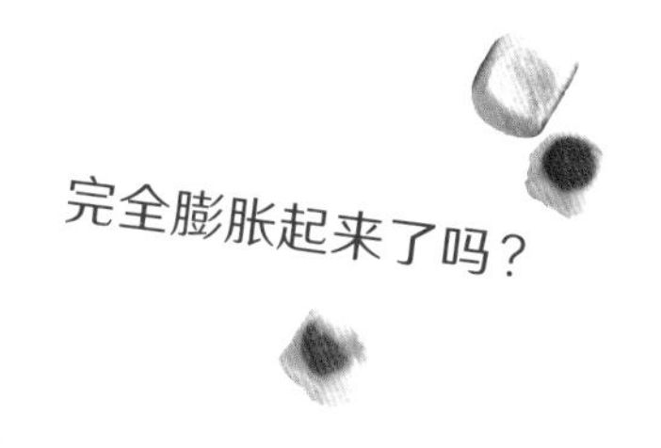

* 卡路里为非法定计量单位，1卡路里=4.186焦耳，1千卡＝1 000卡路里。——编者注

烤出来的面包是否松软、有嚼劲，烤得好不好？

进行得不顺利时，在这里查找一下原因！

面团未发酵膨胀

发酵程度受温度影响，温度低时很难发酵，温度高时发酵容易一些。以书中标记的发酵时间为准，一边发酵，一边观察面团是否膨胀达1.5倍。另外，如果酵母不新鲜，面团的发酵膨胀也会变差，所以尽量使用新鲜酵母。同时，请确认是否出现下列情况。

CHECK 1

牛奶或果汁等是否过度加热了？

加热温度超过45℃时，酵母的活性会降低，书上所写的微波加热时间是以刚从冰箱里取出的牛奶或果汁为准。用常温的牛奶或果汁时，请将加热时间缩短。用手指试一下温度，感觉到适温即可。如果过热，在加入酵母前先冷却一下。

CHECK 2

“用微火加热1分钟”，火力会不会太弱了？

发酵的时候加热，是为了提高平底锅内的温度，让酵母的活性变得更高。如果火力太弱，没能变暖，发酵就不会继续进行。轻轻地摸一下平底锅的侧面，稍微有点热这种程度就比较合适。如果没能变暖，一边观察一边继续加热。

CHECK 3

“用微火加热1分钟”，火力会不会太强了？

发酵后，如果面团的底部又干又白，变得很硬，说明火力太强了。在还没有发酵好的时候，热气进入面团里就把面团烤熟了。如果第一次发酵就将面团烤熟，即便进行二次发酵，面团也不能充分膨胀。继续烤制，面包会变得又硬又干。

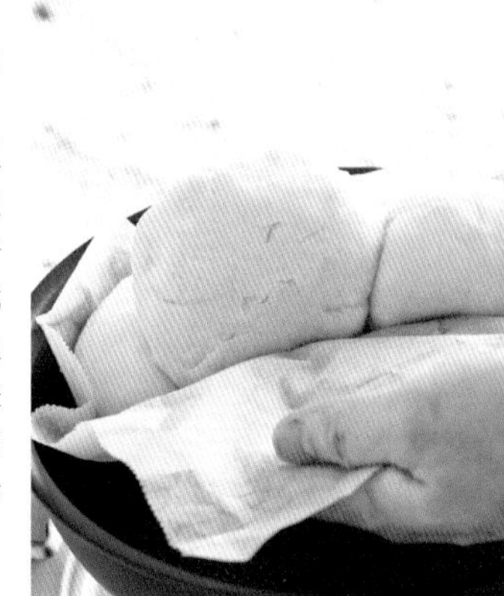

烤好的面包没有膨起来

首先根据上述内容检查一下发酵情况。如果发酵进行得很好，但烤好的面包却没有充分膨胀时，试着检查以下原因。

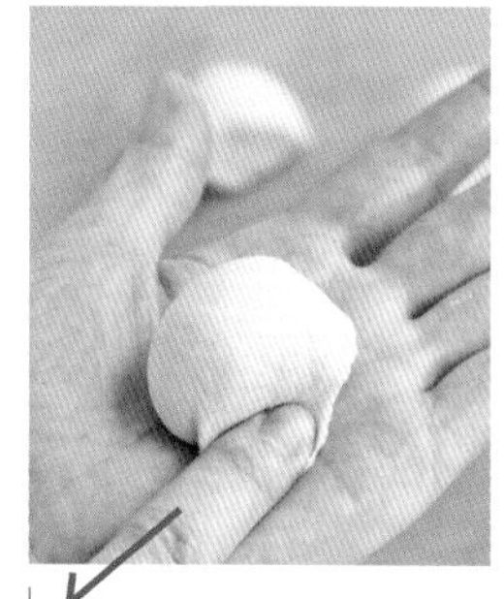

CHECK 1

成形的时候，面团的气口是否紧紧地封好了？

如果气口没封紧，发酵中产生的气体会漏出，这样烤出来的面包就不能充分膨胀，外表也不够光滑。

POINT 这样做，气口可以封得更紧！

将气口封起来后，将气口朝下放在掌心。用另一只手的食指腹部按着面团的侧面，就这样让整个面团朝面对自己的方向滑动，用手指按压，使封口处与面团融合在一起。

CHECK 2

在烘烤过程中上下翻转，面团有没有弄破？

烤好一面后取出面团，朝上的一面还是生的，很容易瘪下去，所以在取出放到盘子上并盖上平底锅时，一定注意不要弄破面团。处理时请放松，尽可能迅速地完成操作。

烤焦了

选用不同的炉具和平底锅，烤出来的颜色也会有差异。首先，采用微火以短于书中标记的时间进行烤制，检查烤出来的颜色。如果烤焦，面包也会变得又干又硬。

用“26 厘米的平底锅”做出各种形状的面包

基础手撕面包的面团分量不变，将直径20厘米的平底锅换成26厘米。
随着空间的变大，改变面团的摆放方法，可以制作出形状独特的手撕面包。

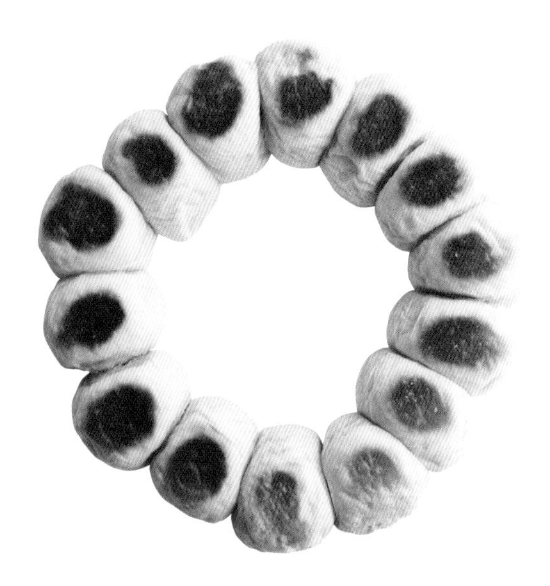

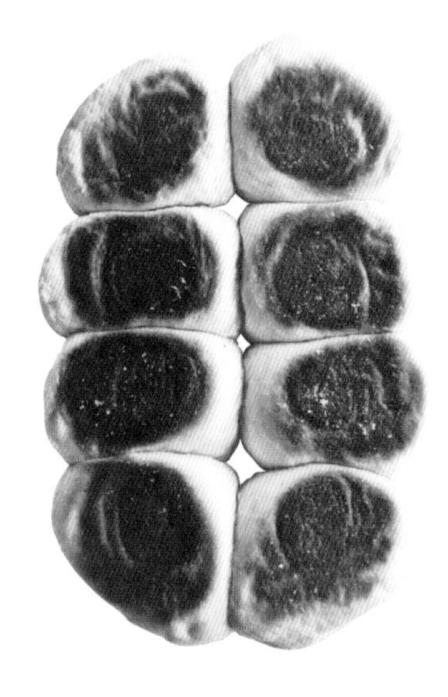

花环形手撕面包

材料（做一个的量）

P4基础手撕面包的材料 ………………………………………… 全部

制作方法

参考P4 ~ 7的步骤1 ~ 9，使用直径26厘米的平底锅，按同样的要领进行制作。但是，在步骤7中，将面团切成14等份。在步骤8中，将面团沿着平底锅的边缘紧挨着摆放成环状。之后，按步骤9烤好单面，将面团取出放到盘子里，盖上新薄布，再将平底锅倒扣在盘子上，使其上下翻转，摘下旧薄布接着烤制背面，最后连着新薄布一同出锅。

POINT

花环形手撕面包的中间是空的，很容易断掉。在进行上下翻转时要盖上新薄布，以便烤好后连着薄布一同出锅。

长方形手撕面包

材料（做一个的量）

P4基础手撕面包的材料 ………………………………… 全部

制作方法

参考P4 ~ 7的步骤1 ~ 9，使用直径26厘米的平底锅，按同样的要领进行制作。但是，在步骤7中，将面团切成8等份。在步骤8中，在平底锅的中间部分，将面团按照图示的形式，紧挨着摆好。

增加材料用量，做一个更大的！

将基础手撕面包的材料分量增加到原来的1.5倍，做一个大小可以装满直径26厘米平底锅的面包！花费的时间会稍微长一点，但想要一次性多做一点的话，推荐大家尝试一下。

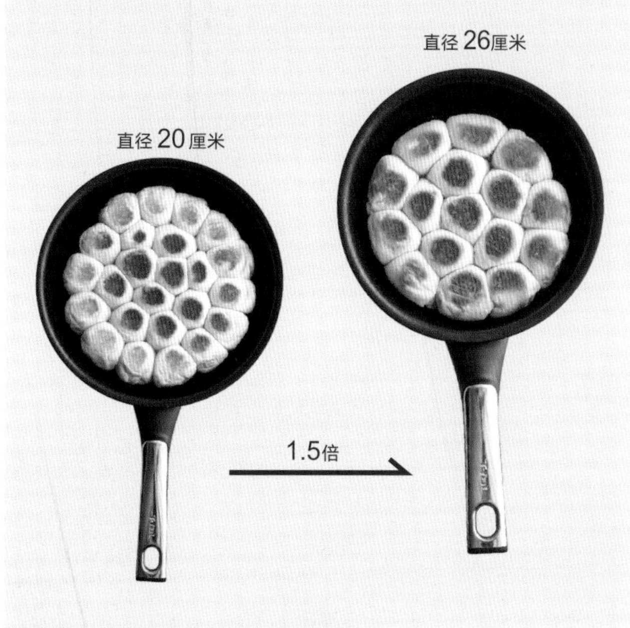

大号手撕面包

材料（做一个的量）

=用直径26厘米的平底锅=

高筋粉	330克	牛奶	195克
砂糖	45克	干酵母	9克
盐	3/4小匙	黄油	30克

制作方法

参考P4 ~ 7的步骤1 ~ 9，使用直径26厘米的平底锅，按同样的要领进行制作。但是，在步骤1中，将牛奶的加热时间改为40秒，将步骤2、4中的揉面时间改为7分钟。另外，在步骤7中，将面团切成24等份。在步骤8中，将面团沿着平底锅的边缘排列摆好。在步骤9中将烤制时间改为微火烤12 ~ 14分钟。

（1/4量的热量440千卡，含盐1.3克）

改变形状的时候

- 使用直径26厘米的平底锅时，面团不会接触到平底锅的侧面，向两边膨起。为了让面团向上膨起，要尽可能地将面团紧紧地挨着摆放。
- 在P12 ~ 35介绍的面包，都使用相同分量的面团做成。参考下面的食谱，可以制作自己喜欢的面包形状！

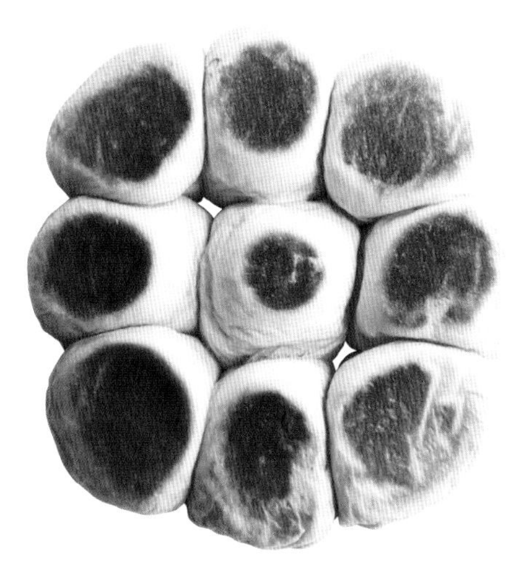

正方形手撕面包

材料（做一个的量）

P4基础手撕面包的材料 ………………………… 全部

制作方法

参考P4 ~ 7的步骤1 ~ 9，使用直径26厘米的平底锅，按同样的要领进行制作。但是，在步骤7中，将面团切成9等份。在步骤8中，在平底锅的中央，按图示将面团紧挨着摆好。

让基础手撕面包的味道更醇厚

基础手撕面包做好后，加上黄油、芝士、巧克力等配料，享受简单搭配的乐趣。

咸味黄油手撕面包

将黄油放在面团上进行烘烤，完成后轻轻撒上盐。黄油慢慢地渗入面包里，真是太好吃了！

材料（做一个的量）

=用直径20厘米的平底锅=

P4基础手撕面包的材料……………………… 全部
黄油……………………… 20克
粗盐……………………… 少许

制作方法

参考P4 ~ 7的步骤1 ~ 9，按同样的要领进行制作。但是，在步骤9中，将面团上下翻转，重新放进平底锅之后，将切得细小的黄油块撒在表面上。将背面也烤好后取出，大致冷却后撒上粗盐。

（1/4量的热量331千卡，含盐1.2克）

材料（做一个的量）

P4基础手撕面包

……………………………… 1个

番茄……………………… 1/2个

培根………………………… 1片

罗勒叶………………… 2 ~ 4片

比萨酱…………………… 2大匙

比萨用芝士……………… 60克

橄榄油、粗粒黑胡椒

………………………… 各适量

制作方法

将番茄去蒂，切成1厘米的块状。将培根按1厘米的宽度切好。在面包上涂比萨酱，将番茄、培根、芝士均匀地放在面包上，用烤面包机烘烤5分钟左右（烘烤途中，要认真观察，感觉快烤焦了，就盖上铝箔纸）。取出后，将罗勒叶撕碎撒上去。涂上适量橄榄油，撒上粗粒黑胡椒即可。

（1/4量的热量318千卡，含盐1.3克）

比萨风味手撕面包

放上比萨的馅料，用烤面包机来烤制。融化的又软又黏的芝士和新鲜的罗勒香气实在是太吸引人啦！

材料（做一个的量）

P4基础手撕面包 …… 1个
（柠檬糖衣）
粉状砂糖 ………… 60克
柠檬汁 …………… 2小匙
柠檬皮细丝……………………… 适量

制作方法

将柠檬糖衣的制作材料混合在一起，用汤匙涂抹在面包上，再撒上柠檬皮。

（1/4量的热量352千卡，含盐0.9克）

+ 柠檬糖衣

用柠檬风味的糖衣来进行装饰，可以享受到清爽的酸甜和清脆的口感。

+2 种巧克力

融化的巧克力和巧克力碎。双重装饰，让面包更多彩更可爱！

材料（做一个的量）

P4基础手撕面包 ………… 1个
块状巧克力（牛奶）…… 50克
巧克力碎……………… 2小匙

制作方法

将块状巧克力切碎放进耐热容器中，不盖薄膜，放入微波炉中加热50秒。取出后，用橡皮刮刀搅拌，直到巧克力完全融化。趁热，用勺子像画方格一样往面包上淋巧克力，然后撒上巧克力碎。将其放在室温环境下直到巧克力凝固。

（1/4量的热量374千卡，含盐0.9克）

+焦糖汁

稍微有点苦的焦糖汁，与酥脆香喷喷的坚果十分搭配。

材料（做一个的量）

P4基础手撕面包 ……… 1个

（焦糖汁）

- 砂糖 ………………… 40克
- 水 …………………… 2小匙
- 黄油 ………………… 10克
- 生奶油 ……………… 25克

混合坚果（无盐）…… 25克

制作方法

制作焦糖汁。向小锅里加入水和砂糖，用中火加热，不时地摇晃小锅，加热2分钟至2分30秒。颜色变为褐色时，关火，立即加入黄油（图A），接着加入生奶油认真搅拌。趁热，用勺子像画线条一样将焦糖汁淋在面包上，撒上坚果。

（1/4量的热量398千卡，含盐1.0克）

A

基础手撕面包 +1 个新的配料

向基础手撕面包的材料中多加1种材料就可以增加很多美味。不论是作为正餐还是零食，都想要多次品尝。

+ 核桃

香气和口感更突出。

材料（做一个的量）

=用直径20厘米的平底锅=

P4基础手撕面包的材料 …………………………… 全部

核桃（需烘烤，无盐）………………………………60克

制作方法

将核桃切得大一些。参考P4 ~ P7的步骤1 ~ 9，按同样的要领进行制作。但是，在步骤4中，向揉好的面团中加入切好的核桃，混合好（参考右边的POINT）。

（1/4量的热量394千卡，包含盐0.9克）

POINT

将馅料混合在面团里的方法

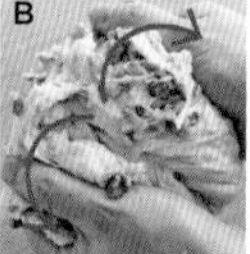

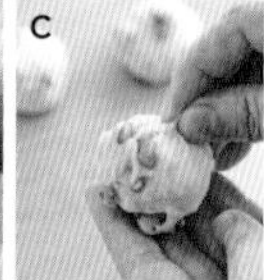

· 将面团揉好后，用手按平，把馅料放在上面。把面团向对面折叠，将馅料包起来（图A），然后从中间向两侧拉伸，使馅料露出来后再把面团揉圆（图B）。多次重复这个操作，将馅料充分混入整个面团中。

· 成形的时候，在面团外侧能看到露出的馅料，并将其揉圆（图C），外观上也发生了变化。

+ 葡萄干

多使用这个不容错过的基本材料。

材料（做一个的量）

=用直径20厘米的平底锅=

P4基础手撕面包的材料 ………………………… 全部
葡萄干……………………………………………… 100克

制作方法

参考P4 ~ 7的步骤1 ~ 9，按同样的要领进行制作。但是，在步骤4中，往揉好的面团中加入葡萄干，混合好（参考P16的POINT）。

（1/4量的热量369千卡，含盐0.9克）

+ 黑砂糖

用黑砂糖代替白砂糖，可以做出更醇厚的香甜手撕面包。

材料（做一个的量）

=用直径20厘米的平底锅=

（面包材料）

高筋粉 ……………………………… 220克
黑砂糖（粉末）………………………… 40克
盐 ………………………………… 1/2小匙
牛奶 ………………………………… 130克
干酵母 ………………………………… 6克
黄油 ………………………………… 20克

制作方法

参考P4 ~ 7的步骤1 ~ 9，按同样的要领进行制作。但是，要用黑砂糖代替白砂糖。

（1/4量的热量369千卡，含盐0.9克）

+ 甘薯

充满自然沉稳的香甜味道，吃起来让人倍感温馨。

材料（做一个的量）

=用直径26厘米的平底锅=

P4基础手撕面包的材料 …………………………… 全部
甘薯…………………………………………………… 100克

制作方法

1 将甘薯带皮洗干净，切成1厘米小块，浸在水中5分钟左右，然后将水沥干，铺在耐热容器里，松松地盖上薄膜，在微波炉中加热2分30秒左右，直到可以用竹签很容易穿过甘薯块为止。

2 参考P4 ~ 7的步骤1 ~ 9，使用直径为26厘米的平底锅，按同样的要领进行制作。但是在步骤4中，要向揉好的面团中加入甘薯（参考P16的POINT）。在步骤7中将面团分成8等份。在步骤8中于平底锅的中部，将面团按照4个 × 2列的形式，紧挨着摆好。

（1/4量的热量328千卡，含盐0.9克）

+ 培根

鲜美多汁，令人回味无穷。

材料（做一个的量）

=用直径20厘米的平底锅=

P4基础手撕面包的材料 ………… 全部
培根……………………………………… 80克
粗粒黑胡椒………………………… 少许

制作方法

将培根细细地切好。参照P4 ~ 7的步骤1 ~ 9，按同样的要领进行制作。但是，在步骤4中，向揉好的面团里加入培根混合好（参考P16的POINT）。烤好后大致冷却，撒上粗粒黑胡椒。

（1/4量的热量374千卡，含盐1.3克）

+ 红茶

加足量的炼乳，做成奶茶风味。

材料（做一个的量）

=用直径26厘米的平底锅=

（面包材料）

高筋粉	220克
砂糖	30克
盐	1/2小匙
牛奶	100克
干酵母	6克
黄油	20克
红茶	1大匙（约4克）
炼乳	4大匙

制作方法

1 在小锅里加入红茶和4大匙水，用中火加热。煮沸后，熬1分钟再关火，大致冷却。

2 参照P4 ~ 7的步骤1 ~ 9，使用直径26厘米的平底锅，按同样的要领进行制作。但是，在步骤1中将牛奶的加热时间改为20秒。向容器中加入煮好的红茶，连茶叶一起（图A）。在步骤7中将面团切成14等份。在步骤8中，将面团沿着平底锅的边缘，按圆形紧挨着摆好。另外，在步骤9中，烤完一面取出来放在盘子里，盖上新薄布，再将平底锅倒扣在盘子上，使其上下翻转，摘下旧薄布接着烤制背面，最后新连薄布一起取出。大致冷却后，淋上炼乳。

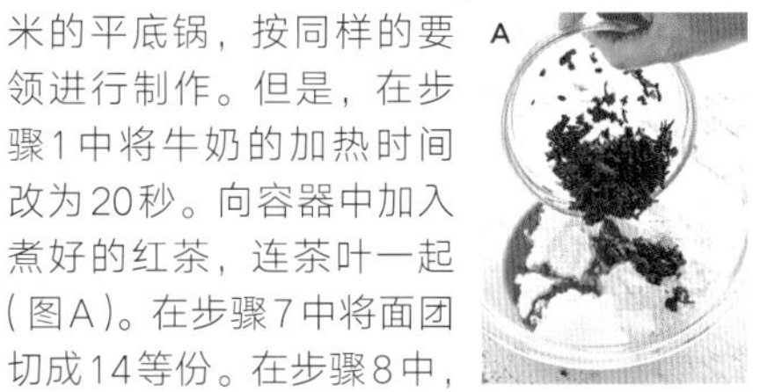
A

（1/4量的热量361千卡，含盐0.9克）

+ 甜纳豆

淋上红糖汁，就会有和式甜点的风味了。

材料（做一个的量）

=用直径26厘米的平底锅=

P4基础手撕面包的材料	全部
甜纳豆（混合）	80克
红糖汁	1大匙

制作方法

参照P4 ~ 7的步骤1 ~ 9，按同样的要领进行制作。但是，在步骤4中，向揉好的面团里加入甜纳豆混合好（参考P16的POINT）。在步骤7中将面团均分为9等份。在步骤8中，在平底锅的中部，将面团按照3个×3列的正方形，紧挨着摆好。烤好大致冷却后，淋上红糖汁。

（1/4量的热量368千卡，含盐0.9克）

+ 迷迭香

淡淡扑鼻的清香很吸引人。

材料（做一个的量）

=用直径26厘米的平底锅=

P4基础手撕面包的材料 …… 全部
迷迭香的叶子… 2枝的量（约4克）
橄榄油………………………… 适量

制作方法

将迷迭香的叶子切得大一些放好。参考P4 ~ 7的步骤1 ~ 9，使用直径26厘米的平底锅，按同样的要领进行制作。但是，在步骤4中，要向揉好的面团中加入迷迭香并混合好（参照P16的POINT）。在步骤7中将面团均分为14等份。在步骤8中将面团沿着平底锅的边缘，按圆形紧挨着排列。另外，在步骤9中，烤完一面取出来放在盘子里，盖上新薄布，再将平底锅倒扣在盘子上，使其上下翻转，摘下旧薄布接着烤制背面，最后连新薄布一起取出。淋上橄榄油。

（1/4量的热量307千卡，含盐0.9克）

+ 芝麻

香喷喷的芝麻会增进食欲。

材料（做一个的量）

=用直径26厘米的平底锅=

P4基础手撕面包的材料 ………………… 全部
白芝麻（面团用）……………………… 20克
白芝麻（装饰用）………………………… 5克

制作方法

参考P4 ~ 7的步骤1 ~ 9，使用直径26厘米的平底锅，按同样的要领进行制作。但是，在步骤1中，向容器里加入白芝麻。在步骤7中将面团切成8等份并揉圆。将装饰用的白芝麻放入一个小容器里，一手捏着面团的气口，一手手指蘸少量的水，抹在面团表面。将面团在芝麻上按压一下，使面团粘上芝麻（图A）。在步骤8中，在平底锅中间部分，将面团按照4个×2列的长方形，紧挨着摆好。

（1/4量的热量331千卡，含盐0.9克）

+ 洋葱酥

将洋葱用黄油炒过之后风味绝佳。

材料（做一个的量）

=用直径26厘米的平底锅=

P4基础手撕面包的材料 …………………… 全部

（洋葱酥）

洋葱碎末 …………………………………1个的量

黄油 ……………………………………… 15克

盐 ………………………………………… 一撮

制作方法

1 在平底锅中加入洋葱酥的制作材料，用大火加热，不停地翻炒，直到变成褐色，大概炒8分钟。之后关火，冷却。

2 参考P4 ~ 7的步骤1 ~ 9，使用直径26厘米的平底锅，按同样的要领进行制作。但是，在步骤4中，揉好面团后要加入炒好的洋葱酥并混合均匀（参考P16的POINT）。在步骤7中将面团均分为9等份。在步骤8中，在平底锅的中部将面团按照3个 × 3行的正方形，紧挨着摆好。

（1/4量的热量340千卡，含盐1.2克）

+ 酸奶

减少牛奶添加量，加入酸奶，湿润的口感会更强！

材料（做一个的量）

=用直径26厘米的平底锅=

（面包材料）

高筋粉 ………220克

砂糖 ………… 30克

盐 ………… 1/2小匙

牛奶 ………… 35克

纯酸奶 ………100克

干酵母 ………… 6克

黄油 ………… 20克

蜂蜜…………… 2大匙

制作方法

参考P4 ~ 7的步骤1 ~ 9，使用直径26厘米的平底锅，按同样的要领进行制作。但是，在步骤1中，将牛奶和纯酸奶混合起来加入耐热容器中（图A），不盖薄膜，放入微波炉中加热40秒。加入干酵母，简单混合一下。另外，在步骤7中将面团均分为8等份。在步骤8中，在平底锅的中部，将面团按照4个 × 2列的长方形，紧挨着摆好。烤好冷却后淋上蜂蜜。

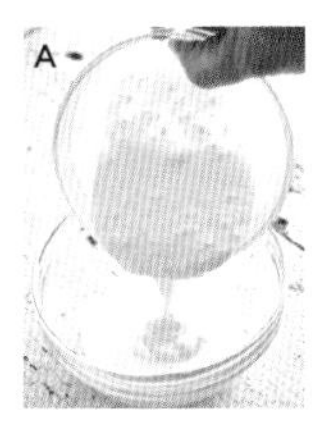

（1/4量的热量324千卡，含盐0.9克）

chapter

2

甜点手撕面包

将基础手撕面包稍微升级一下，
加上巧克力、红豆等甜味馅料。
在享受零食的时间里，
尝试一下珍藏的甜点面包，
会让人变得幸福感满满哦。

可可粉和核桃

一下就抓住眼球的华丽双色花环状面包。可以尽情享用加入巧克力豆的可可味面包和核桃面包。

材料（做一个的量）

=用直径26厘米的平底锅=

（核桃面包材料）

- 高筋粉 …… 110克
- 砂糖 …… 15克
- 盐 …… 1/4小匙
- 牛奶 …… 65克
- 干酵母 …… 3克
- 黄油 …… 10克

（可可面包材料）

- 高筋粉 …… 110克
- 可可粉 …… 1大匙
- 砂糖 …… 15克
- 盐 …… 1/4小匙
- 牛奶 …… 75克
- 干酵母 …… 3克
- 黄油 …… 10克

核桃（需烘烤，不含盐） …… 25克

巧克力豆 …… 25克

制作方法

1 制作两种颜色的面团

将核桃切得大一些放好。核桃面团和可可粉面团要分开制作。参考P4 ~ 5的步骤1 ~ 4，按同样的要领进行制作。但是，将步骤1中牛奶加热时间改为10秒，将步骤2和4中揉面的时间改为3分钟，将步骤3中黄油的加热时间改为10秒。另外，制作可可粉面团时，要在步骤1中将可可粉加入高筋粉中；制作核桃面团时，要在步骤4中，揉完面后将核桃混合进去（参考P16的POINT）。

2 进行第一次发酵，使其成形

参考P5 ~ 6的步骤5 ~ 7，使用直径为26厘米的平底锅，按同样的要领进行制作。但是，在步骤5中，这两种颜色的面团要分别均分为2等份。在步骤7中分别进行排气，在可可粉面团里加入巧克力豆混合好*。然后将两种颜色的面团分别切成7等份。

*巧克力很容易融化，所以要在第一次发酵后加入。

3 进行二次发酵，烘烤

参考P4的步骤8 ~ 9，使用直径为26厘米的平底锅，同样进行制作。但是，在步骤8中，将两种颜色的面团交叉着沿平底锅的边缘，按照圆形紧挨着摆好。在步骤9中，烤完一面取出来放在盘子里，盖上新薄布，再将平底锅倒扣在盘子上，使其上下翻转，摘下旧薄布接着烤制背面，最后连新薄布一起取出。

（1/4量的热量376千卡，含盐0.9克）

抹茶和黑豆

绿色的抹茶鲜艳夺目，带有少许苦味，与醇厚甘甜的黑豆搭配非常均衡，味道超好。

材料（做一个的量）

=用直径20厘米的平底锅=

（面包材料）

高筋粉	220克
抹茶	1小匙
砂糖	30克
盐	1/2小匙
牛奶	130克
干酵母	6克
黄油	20克
甜煮黑豆	70克
黄豆粉	适量

制作方法

1 揉面，加入馅料混合好。

将黑豆用干纸巾包裹起来，完全吸去上面的水分。参考P4～5的步骤1～5，按同样的要领进行制作。但是，在步骤1中要向高筋粉中加入抹茶粉，并快速混合。在步骤4中向揉好的面团里加入黑豆混合好（参考P16的POINT）。

2 进行发酵，烘烤。

参考P6～7的步骤5～9，按同样的要领进行制作。烤好后大致冷却，撒上黄豆粉。

（1/4量的热量333千卡，含盐1.0克）

撕开，软软的

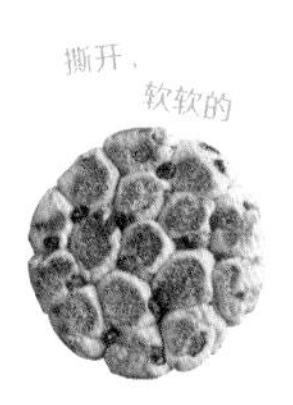

咖啡和橘子

在微苦的咖啡面团里，加入香甜的白巧克力和清香的橘子皮，更加突出了面包的风味。

材料（做一个的量）

=用直径20厘米的平底锅=

（面包材料）

- 高筋粉 …… 220克
- 砂糖 …… 30克
- 盐 …… 1/2小匙
- 牛奶 …… 115克
- 速溶咖啡粉 …… 2大匙
- 热水 …… 1大匙
- 干酵母 …… 6克
- 黄油 …… 20克

橘子皮…… 40克

白巧克力…… 40克

制作方法

1 揉面，加入馅料，混合好。

将橘子皮切得粗一点备用。白巧克力切成1厘米的块状。参考P4 ~ 5的步骤1 ~ 5，按同样的要领进行制作。但是，在步骤1中要将速溶咖啡粉用热水溶解，倒入牛奶中，然后加入干酵母快速混合。在步骤4中向揉好的面团里加入橘子皮混合好（参考P16的POINT）。

2 进行发酵，烘烤。

参考P6 ~ 7的步骤6 ~ 9，按同样的要领进行制作。但是，在步骤7中要向排出气体后的面团里加入白巧克力并混合好。

（1/4量的热量384千卡，含盐0.9克）

浆果和果酱

红色的浆果和果酱是让人印象深刻的可爱组合。酸甜的味道在口中慢慢散开。

材料（做一个的量）

=用直径26厘米的平底锅=

（面包材料）
- 高筋粉 …… 220克
- 砂糖 …… 30克
- 盐 …… 1/2小匙
- 牛奶 …… 130克
- 干酵母 …… 6克
- 黄油 …… 20克
- 混合干浆果 …… 80克

（果酱汁）
- 草莓果酱 …… 50克
- 水 …… 1小匙
- 明胶粉 …… 1/3小匙

杏仁片 …… 1小匙（约2克）

制作方法

1 揉面，加入馅料，混合好。

参考P4 ~ 5的步骤1 ~ 5，按同样的要领进行制作。但是，在步骤4中向揉好的面团里加入干浆果混合好（参考P16的POINT）。

2 进行发酵，烘烤。

参考P6 ~ 7的步骤6 ~ 9，使用直径26厘米的平底锅，按同样的要领进行制作。但是，在步骤7中将面团切成8等份，在步骤8中于平底锅的中部，将面团按照4个 ×2列的长方形，紧挨着摆好。

3 淋上酱汁就做好了。

用平底锅将杏仁片煎好，接着制作果酱汁。向耐热的容器里加入水和明胶粉，不盖薄膜，放入微波炉中加热10秒。然后加入草莓果酱认真搅拌，面包冷却后，用勺子像画线一样，将果酱汁淋在面包上，最后撒上杏仁片。

（1/4量的热量390千卡，含盐0.9克）

板栗和豆沙

将甜甜的板栗和软软的豆沙一块包起来，回忆起从前简简单单的豆沙包，很温暖。

材料（做一个的量）

=用直径26厘米的平底锅=

（面包材料）

高筋粉	220克
砂糖	30克
盐	1/2小匙
牛奶	130克
干酵母	6克
黄油	20克
豆沙馅	140克
甘露煮板栗	4个

制作方法

1 揉面，进行第一次发酵。

将板栗用纸巾包好，除去上面的水汽，切成1厘米的块状。将豆沙和板栗分别分为9等份，每份合在一起包上薄膜，揉圆。然后参考P4 ~ 6的步骤1 ~ 6，使用直径26厘米的平底锅，按同样的要领进行制作。

2 包馅。

参考P6的步骤7，按同样的要领进行制作。但是，要将面团切成9等份，轻轻地揉圆之后，分别擀成直径8厘米左右的面皮。在中间放上板栗豆沙馅，捏着面团的边缘部分向中间一边拉伸一边包起来慢慢揉圆使其表面紧绷光滑（参考以下POINT A、B）。将气口紧紧地封好。

3 进行二次发酵，再烘烤。

参考P7的步骤6 ~ 9，使用直径26厘米的平底锅，按同样的要领进行制作。但是，在步骤8中，在平底锅的中部，将面团的气口朝下，按照3个×3列的正方形，紧挨着摆好（参考POINT C）。

（1/4量的热量378千卡，含盐0.8克）

POINT 用面团来包馅的时候

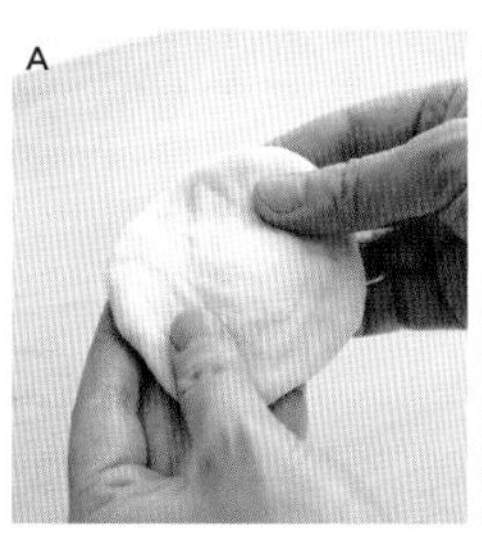

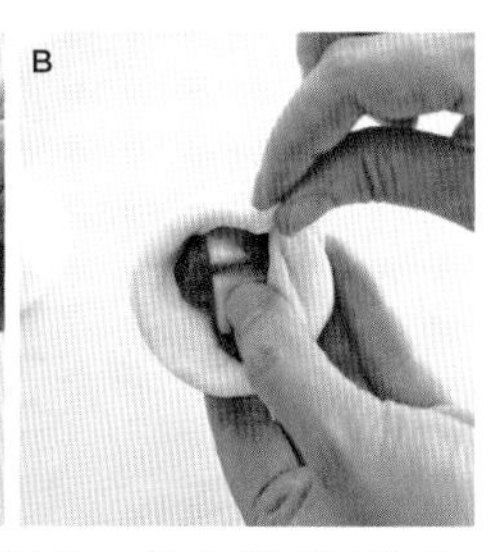

A、B 将切好的面团揉圆后，用手将面团擀开，将光滑的一面朝下（图A）。在中间放上馅料，用一只手一边按压馅料，另一只手捏着面团的边缘，轻轻地向中央拉伸（图B）。包的时候注意不要让馅儿露出来了，慢慢将面团揉圆使其表面紧绷光滑。最后将气口紧紧地封闭起来。

C 包好馅料后，面团在膨胀时容易开口，所以要将面团的气口朝下摆放，防止气体跑出来（图C）。烤好后，再上下翻转过来放好。

chapter

3

咸味家常菜馅手撕面包

满满地包上
土豆、金枪鱼、芝士等咸味馅料，
可以做成满足食欲的家常菜手撕面包。
在烘烤的过程中，
会有浓浓的香味飘出来！

材料（做一个的量）

=用直径26厘米的平底锅=

（面包材料）

高筋粉	220克
砂糖	30克
盐	1/2小匙
牛奶	130克
干酵母	6克
黄油	20克

（明太子土豆黄油）

去薄膜的辣味明太子	1/2盘（约2大匙）
土豆（大）	1个（约200克）
黄油	20克

（明太子蛋黄酱）

去薄膜的辣味明太子	1/4盘（约1大匙）
蛋黄酱	1大匙
横切口小葱	1根

制作方法

1 制作明太子土豆黄油。

将土豆削皮，切成1厘米的块状备用。用水快速地清洗后放入耐热的容器里，松松地盖上薄膜，用微波炉加热3分钟。趁热将土豆捣烂，加入明太子蛋黄酱、切成小块的黄油，充分搅拌，分成9等份后分别揉圆。

2 揉面，进行第一次发酵后，包馅。

参考P4 ~ 6的步骤1 ~ 7，使用直径26厘米的平底锅，按同样的要领进行制作。但是，在步骤7中将面团切割成9等份，轻轻地揉圆后，分别擀成直径8厘米左右的面皮，在中央放上明太子土豆黄油后再包好（参考P29的POINT）。

3 进行二次发酵后，再烘烤就做好了。

参考P7的步骤8 ~ 9，使用直径26厘米的平底锅，按同样的要领进行制作。但是，在步骤8中，将面团的气口朝下，在平底锅的中部，按3个×3列的正方形紧挨着摆好。烤好后大致冷却，将明太子蛋黄酱的材料混合好并放在面包上，再撒上小葱。

（1/4量的热量399千卡，含盐1.7克）

明太子蛋黄酱和土豆黄油

面包上点缀明太子蛋黄酱，里面还有松软热乎的明太子土豆黄油，可以享受双重的美味。

海苔和金枪鱼蛋黄酱

以成人、小孩都喜爱的金枪鱼为馅，速成的点心面包。绿海苔粉搭配切丝海苔，味道会更加丰富。

材料（做一个的量）

=用直径26厘米的平底锅=

（面包材料）

- 高筋粉……220克
- 绿海苔粉……1大匙
- 砂糖……30克
- 盐……1/2小匙
- 牛奶……130克
- 干酵母……6克
- 黄油……20克

（金枪鱼蛋黄酱）

- 金枪鱼罐头（140克）……1罐
- 蛋黄酱……1/2大匙

（装饰用）

- 黄油……5克
- 切丝海苔……适量

制作方法

1 揉面后，进行第一次发酵。
将金枪鱼罐头的汁倒干净，然后加入蛋黄酱搅拌好，分成8等份。参考P4～6的步骤1～6，使用直径26厘米的平底锅，按同样的要领进行制作。但是在步骤1中，要在高筋粉中加入绿海苔粉，然后快速搅拌好。

2 包上金枪鱼蛋黄酱，进行二次发酵后再烘烤。
参考P6～7的步骤7～9，按同样的要领进行制作。但是在步骤7中将面团分为8等份，轻轻地揉圆后，分别擀成直径8厘米左右的面皮，在中央放上金枪鱼蛋黄酱再包好（参考P29的POINT）。在步骤8中将面团的气口朝下，在平底锅的中间部分，按照4个×2列的长方形，将面团紧挨着摆好。

3 撒上海苔就做好了。
将装饰用的黄油放入耐热容器里，不盖薄膜，用微波炉加热10秒。待面包的余热散去，用毛刷将黄油薄薄地涂在面包上，再撒上切丝海苔即可。

（1/4量的热量435千卡，含盐1.4克）

玉米和芝士

香脆的玉米和融化的芝士超级搭配！吃起来就停不下来的美味！

材料（做一个的量）

=用直径20厘米的平底锅=

（面包材料）

- 高筋粉 ………… 220克
- 砂糖 …………… 30克
- 盐 …………… 1/2小匙
- 牛奶 …………… 130克
- 干酵母 …………… 6克
- 黄油 …………… 20克

玉米（罐装）…… 80克

加工芝士………… 60克

（装饰用）

- 黄油 ……………… 5克
- 粗粒黑胡椒 ……… 适量

制作方法

1 揉面，将配料混合好。
将玉米的汁液倒干净后，用干纸巾把玉米包起来以吸干剩余汁液。将芝士切成16等份。参考P4 ~ 5的步骤1 ~ 5，按同样的要领制作。但是，在步骤4中，向揉好的面中加入玉米混合好（参考P16的POINT）。

2 包好芝士，进行发酵后烘烤。
参考P6 ~ 7的步骤6 ~ 9，按同样的要领制作。但是，在步骤7中将16等份的面团揉圆之后，分别擀成直径6厘米左右的面皮，在中间放上加工芝士包好（参考P29的POINT）。在步骤8中将面团气口朝下，摆放在平底锅里。

3 涂上融化的黄油就做好了。
将装饰用的黄油放入耐热容器里，不盖薄膜，用微波炉加热10秒。待面包大致冷却后，用刷子将黄油薄薄地涂在面包上，再撒上粗粒黑胡椒。

（1/4量的热量370千卡，含盐1.4克）

毛豆和卡芒贝尔软干酪

毛豆和奶油状的浓厚卡芒贝尔软干酪，成人口味的组合，用来下酒刚好。

材料（做一个的量）

=用直径20厘米的平底锅=

（面包材料）

- 高筋粉 ……………………… 220克
- 砂糖 ………………………… 30克
- 盐 ………………………… 1/2小匙
- 牛奶 ……………………… 130克
- 干酵母 ……………………… 6克
- 黄油 ………………………… 20克

毛豆（冷冻的，解冻之后从豆荚里拨出来）

……………… 150克（净重80克）

卡芒贝尔软干酪……………… 50克

制作方法

与上述“玉米和芝士”的做法中步骤1、2相同，但是要将玉米换成毛豆，加工芝士换成卡芒贝尔软干酪。

（1/4量的热量364千卡，含盐1.1克）

番茄和橄榄

用番茄汁给面团上色，增加香味，再加上充足的橄榄和香草。适合与红酒搭配食用哦。

材料（做一个的量）

=用直径20厘米的平底锅=

（面包材料）

材料	用量
高筋粉	220克
砂糖	30克
盐	1/2小匙
番茄汁（无盐）	130克
干酵母	6克
黄油	20克
混合干香草	1小匙
绿色或者黑色的油橄榄（去核）	30克

制作方法

1 揉好面加入配料。

将橄榄简单地切一下，用干纸巾包好，将汁液全部吸干净。参考P4～5的步骤1～5，按同样的要领制作。但是，在步骤1中用番茄汁替换牛奶。在步骤4中，向揉好的面团里加入混合干香草和橄榄并混合好（参考P16的POINT）。

2 进行发酵后烘烤。

参考P6～7的步骤6～9，按同样的要领制作。烤好之后待面包冷却，按照自己的喜好撒上少许混合香草（配料分量外的）。

（1/4量的热量288千卡，含盐1.1克）

chapter

4

手撕面包三明治

把手撕面包制成有各种各样馅料的
豪华手撕面包三明治，
很适合举办聚会等活动。
用直径26厘米的平底锅来烤制，
更方便夹入馅料。

三色手撕面包三明治

小番茄和芝士、鸡蛋调味酱、火腿以及黄瓜，一排排面包分别夹入不同的馅料，完成条纹图案的手撕面包。

用手撕面包做三明治，又新鲜又好看。

将容器整个用蜡纸包起来，很方便携带

材料（做一个的量）

P11正方形手撕面包………………1个

（小番茄和芝士）

小番茄………………………………3个

片状芝士（也可以用车达奶酪）

……………………………1～2片

（鸡蛋调味酱）

煮好的鸡蛋…………………………1个

蛋黄酱……………………………2大匙

水芹…………………………………适量

（火腿和黄瓜）

黄瓜………………………………1/4根

里脊肉火腿…………………………3片

粗粒黑胡椒…………………………少许

制作方法

1 准备馅料。

将每个小番茄分为3等份，切成圆片，将黄瓜切成细条。将芝士切成可以一口吃掉的大小。将火腿折叠4次。将煮好的鸡蛋用勺子搅碎，加上蛋黄酱搅拌好。

2 在面包上划出切口，夹上馅料。

将面包排成一列，垂直划上切口，将3种馅料均匀地分别夹进去（参考P39的POINT）。在鸡蛋调味酱上撒粗粒黑胡椒即可。

（1/4量的热量402千卡，含盐1.6克）

尼斯风味沙拉手撕面包三明治

用切成圆片的煮鸡蛋和波形叶的生菜装饰得很华丽。看上去就像花环一样，让人不由地大声欢呼！

材料（做一个的量）

P10花环状手撕面包……………… 1个
煮鸡蛋……………………………… 2个
生火腿………………………… 3 ~ 4片
凤尾鱼（片）……………………… 3片
绿橄榄，黑橄榄（去核）……… 10克
生菜………………………………… 1片
粗粒黑胡椒……………………… 适量

制作方法

1 准备馅料。
将一个煮鸡蛋切成7片，将橄榄切成薄薄的圆片。把生火腿切成两半，凤尾鱼片切得大片一点。将生菜切成刚好一口能吃掉的大小。

2 在面包上划出切口，夹上馅料。
在面包上斜着划出切口，夹上生菜后，将剩下的馅料均匀地夹在面包里（参考下面的POINT）。撒上粗粒黑胡椒。

（1/4量的热量357千卡，含盐1.7克）

POINT
将馅料夹入面包时

A

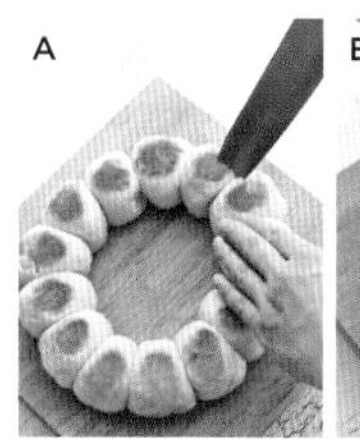

B

如果在面包还热的时候就切，面包会瘪下去，所以必须待面包冷却再操作。将菜刀的刀刃插进去之后，不取出来，直接一口气将面包全部划开（图A）。将馅料一片一片地分别夹入面包，撕的时候会容易一些（图B）。

炒面 & 土豆沙拉手撕面包三明治

都是让人很想吃的人气蔬菜搭配组合！做出让人食欲大涨的三明治。

材料（做一个的量）

P10长方形手撕面包…………………………………… 1个
市场上销售的炒面…………………………………… 80克
红姜、紫叶生菜、粗粒黑胡椒…………………… 各适量

制作方法

将红姜片切得大一点儿。将面包竖着排2列，每一列都垂直划上切口。在一列面包里夹上炒面，撒上红姜（参考P39的POINT）；在另一列面包里按照紫叶生菜、土豆沙拉的顺序将馅料夹进去，最后撒上粗粒黑胡椒。

（1/4量的热量356千卡，含盐1.3克）

猪排手撕面包三明治

在刚好一口大小的炸猪排上，放好卷心菜丝。满满一口，口感超棒。

材料（做一个的量）

P10长方形手撕面包……………………………1个
市场上销售的炸猪排（小）…………………2块
卷心菜切丝………………………1片叶子的量
（酱汁）
炸猪排酱汁 ……………………………1大匙
伍斯特辣酱油 …………………………1小匙

制作方法

1 准备馅料。
将酱料的材料混合起来，涂在猪排上。将每块猪排平均切成4份。

2 在面包上划出切口，夹上馅料。
横着在每一列面包上垂直地划上切口。将卷心菜丝均匀地夹进去之后，再加上炸猪排（参考P39的POINT）。将剩下的酱汁淋上去。

（1/4量的热量400千卡，含盐1.8克）

鲑鱼和鳄梨双料手撕面包三明治

用脱脂奶酪做出口味清爽的双色沙司，交替将其夹进面包里，就可以做出多彩的三明治了。

材料（做一个的量）

P11正方形手撕面包……1个

（鲑鱼沙司）
- 烟熏鲑鱼……70克
- 脱脂奶酪……50克
- 橄榄油……1小匙
- 盐……一撮

（鳄梨沙司）
- 鳄梨……1/2个
- 脱脂奶酪……50克
- 柠檬汁、橄榄油……各1小匙
- 盐……1/4小匙

制作方法

1 制作鲑鱼和鳄梨的沙司。

将烟熏鲑鱼切成小细块，与剩余的材料混合好。将鳄梨的果核去掉，剥好皮，用叉子将鳄梨打碎，与剩余的材料混合好。

2 在面包上划出切口，夹上馅料。

在每一列面包上垂直地划上切口。将2种沙司交替夹进面包里（参考P39的POINT）。

（1/4量的热量399千卡，含盐2.3克）

水果手撕面包三明治

用生奶油和水果做的甜点式三明治怎么样？一眼看到猕猴桃和柑橘，可爱的样子让人很开心。

材料（做一个的量）

P10花环状的手撕面包……………………… 1个
猕猴桃……………………………………… 1个
柑橘（罐装）……………………………… 14瓣
（奶油）
生奶油 …………………………………… 1/2杯
砂糖 ……………………………………… 1大匙
根据喜好加入樱桃白兰地 ……………… 1小匙
粉状白砂糖………………………………… 适量

制作方法

1 准备馅料。

将猕猴桃剥皮，切成宽5毫米的扇形。将柑橘用纸巾挤压掉水分。在大碗里放入冰水，在一个小一圈的碗里放入制作奶油的材料，将两个碗摞起来。用搅拌器一直搅拌，直到有角状物出现（90%形成角状物）。

2 在面包上划出切口，夹上馅料。

在面包上斜着划上切口。用勺子将奶油夹进面包后，将猕猴桃、柑橘均匀地夹进面包里（参考P39的POINT）。用滤茶器撒上粉状砂糖。

（1/4量的热量440千卡，含盐0.9克）

geflügelte bäuche auf offener stra
sind nach meinung vieler pr-ex
das beste mittel zur dokume
tierung von wohlstand un
einfallsreichtum.

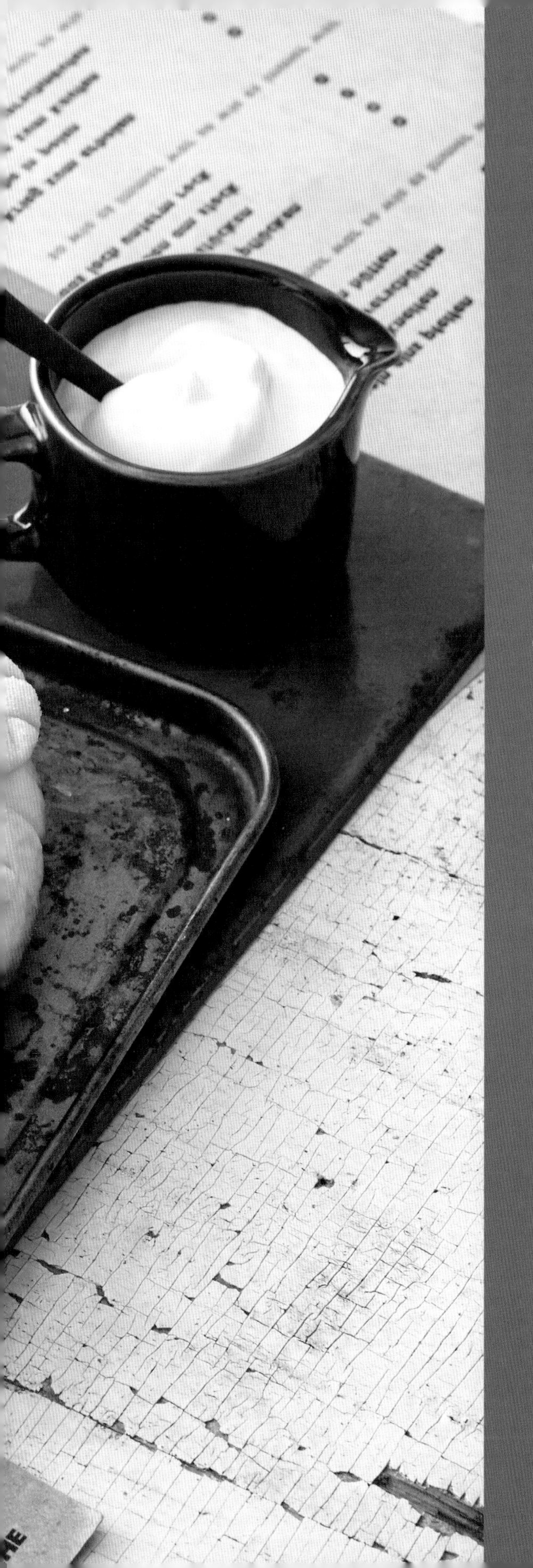

chapter

5

特制手撕面包

将菠萝包、咖喱包等
人气面包做成手撕面包！
虽然会很花时间，但绝对值得卷起袖子来做！
请一边想象成功时大家欢呼的场景，
一边试着挑战一下吧！

手撕菠萝包

将松脆的饼干面团像帽子一样轻轻地盖在上面，做成小巧可爱的手撕菠萝包！变身成惹人喜爱的样子。

材料（做一个的量）

P4基础手撕面包 ………………… 1个
（饼干的材料）
- 黄油（室温下）……………… 10克
- 砂糖 ……………………………… 20克
- 搅匀的蛋液 …………………… 10克
- 低筋粉 ………………………… 35克
- 柠檬汁 ………………………… 少许

细砂糖…………………………… 适量
做干粉用的高筋粉………… 适量

撕开，再撕开，
都是菠萝包

制作方法

A

1 制作饼干面团。
按顺序将做饼干的材料放入碗里，用橡皮刮刀将材料均匀地搅拌好（图A）。之后取出来放在展开的薄膜上，按揉并将其擀平，再做成8厘米左右的正方形，并用薄膜包起来。在冰箱里放30分钟左右。

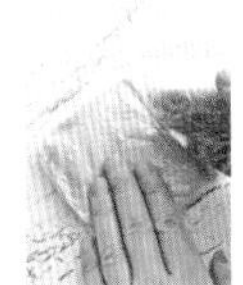

B

2 贴上蛋糕的面团。
将步骤1中的饼干材料，分为16等份，然后轻轻地揉圆。在手上蘸适量的干粉，然后将饼干面团逐个擀成直径4厘米左右的面皮（图B），将其放在面包的表面，用手指轻轻按压让两者融合在一起。

C

3 裹上细砂糖，做出模样。
在方平底盘上平铺细砂糖。饼干面团朝下，将步骤2的面包放入盘子里。面包粘上细砂糖后，将其上下翻转，再均匀地撒上细砂糖（图C）。将多余的细砂糖掸去，用卡片（或切黄油的小刀）在每个面团上各划上横竖2条线，做成格子纹路。

D

4 用烤面包器烘烤。
将步骤3中的面包放在烤盘上（图D），用烤面包机烤2 ~ 3分钟，再盖上铝箔，接着烤10 ~ 12分钟（烤的过程中，将前后交换一下会好一些）。

（1/4量的热量372千卡，含盐0.9克）

肉桂卷手撕面包

将面团擀成面皮，卷好后切开，会呈现很可爱的螺旋状图样。肉桂的香甜与葡萄干十分搭配！做好后，装饰上糖衣。

材料（做一个的量）

=用直径26厘米的平底锅=

（面包材料）

- 高筋粉……220克
- 砂糖……30克
- 盐……1/2小匙
- 牛奶……130克
- 干酵母……6克
- 黄油……20克

（肉桂糖）

- 砂糖……2大匙
- 肉桂粉……1小匙
- 葡萄干……80克

（糖衣）

- 粉状砂糖……40克
- 水……1小匙

做干粉用的高筋粉……适量

制作方法

A

1 进行第一次发酵后，将面团展开。

参考P4～6的步骤1～7，使用直径26厘米的平底锅，按同样的要领制作。但是，在步骤7中，排出气体后不分割面团，整个展开。在操作台上撒干粉，以面团为中心，用擀面杖朝着前后、四个角的方向擀压（图A）。将其擀成一个边长30厘米左右的正方形，厚度尽量均匀。

B

2 放上馅料后卷起来，再切开。

将肉桂糖的材料混合起来。距离面团的边缘约2厘米，均匀地撒上肉桂糖粉、葡萄干，用手轻轻按压。从面前开始向另一边紧紧地卷起面皮（图B），在卷好的地方用手指按压好使其融合在一起。然后将其如右图对半切开，再各自切成4等份。

C

3 进行二次发酵后再烘烤。

参考P7的步骤8～9，使用直径26厘米的平底锅，按同样的要领制作。但是，在步骤8中，在平底锅的中部，将面包按照4个×2列的长方形紧挨着摆好（将卷的最后贴合的部分放在内侧，将切割时两端的面团切口朝下摆放，图C）。

4 装饰上糖衣就完成了。

将做糖衣的材料放进小塑料袋里，揉搓袋子以混合材料。待面包冷却后，剪开糖衣塑料袋的一角，像画线一样将糖汁淋在面包上。

（1/4量的热量411千卡，含盐0.9克）

香肠卷手撕面包

把熟悉的香肠卷排成花环状，魅力满分！撒上芝士，烤出金黄色，再裹上口感酥脆的“翅膀”。

材料（做一个的量）

=用直径26厘米的平底锅=

（面包材料）

- 高筋粉……………………220克
- 黑砂糖（粉末）………… 40克
- 盐 …………………… 1/2小匙
- 牛奶 …………………… 130克
- 干酵母 ……………………… 6克
- 黄油 …………………… 20克

（番茄沙司）

- 番茄酱 ……………… 1/2大匙
- 粒状芥末 ……………… 1小匙

维也纳香肠……………… 12根

比萨用酱料……………… 60克

做干粉用的高筋粉…………适量

制作方法

A

1 进行第一次发酵，将面团擀成面皮。

参考P4 ~ 6的步骤1 ~ 7，使用直径26厘米的平底锅，按同样的要领制作。但是，在步骤7中要将面团均分为12份，然后轻轻地揉圆。在操作台上撒干粉，将每一个小面团擀成宽4 ~ 5厘米、长15厘米左右的面皮（图A）。

B

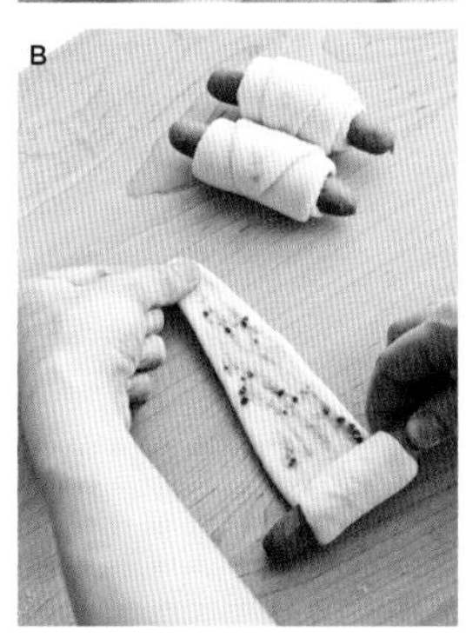

2 将面皮卷在香肠上。

将番茄沙司的材料都混合好。在擀好的面皮上薄薄地涂一层番茄沙司。将1根香肠放在靠近自己的面皮一端，用一只手拉面团的另一端，使另一端宽度变小；另一只手则从面前开始一层层地卷起来（图B）。按同样的操作完成剩下的部分。

C

3 进行二次发酵后，先烤一面。

参考P7的步骤8，使用直径26厘米的平底锅，按同样的要领制作。但是，要将面团卷最后结束的地方朝下放着，按放射线的样子紧挨着摆好（最开始的4个面团以“十”字形摆放，剩下的每个空隙里放2个就会比较均匀，图C）。二次发酵后，盖上锅盖，用微火烤11 ~ 13分钟。确认烤出来的颜色，如果不够漂亮时，改用小火再烤2 ~ 3分钟。

D

4 加上芝士呈现小翅膀。

将面包连同薄布整个取出放在比平底锅大一圈的盘子（或者是砧板）里，撒上准备好的芝士的2/3（图D）。将平底锅盖在上面，将面团上下翻转，重新放回锅里。取下薄布，将剩余的芝士放在面团的周围。再盖上锅盖，用微火烤10 ~ 12分钟。用锅铲将其取出来冷却。

（1/4量的热量547千卡，含盐2.4克）

咖喱手撕面包

加香料的肉末咖喱和香脆的面团搭配在一起，吃一次就会上瘾！做成正宗咖喱面包的要诀就是加入油边炸边烤。

材料（做一个的量）

=用直径20厘米的平底锅=

（面包材料）
- 高筋粉 …………………… 220克
- 黑砂糖（粉末）…………… 40克
- 盐 ………………………… 1/2小匙
- 牛奶 ……………………… 130克
- 干酵母 …………………… 6克
- 黄油 ……………………… 20克

（肉末咖喱）
- 绞肉 ……………………… 80克
- 混合豆类（干包装的） …………………… 40克
- 洋葱末 …………… 1/4个（约50克）
- 胡萝卜末 …………… 1/5根（约30克）
- 蒜末、姜末 ……………… 各1/2
- 番茄沙司 ………………… 2大匙
- 咖喱粉 …………………… 2小匙
- 西式汤的材料（颗粒） ………………… 1/3小匙
- 水 ………………………… 1杯
- 盐 ………………………… 1/4小匙
- （溶水淀粉）
  - 水 ……………………… 1大匙
  - 淀粉 …………………… 1/2大匙

- 面包屑 …………………… 1/2大匙
- 做干粉用的高筋粉 ……… 适量
- 沙拉油 …………………… 5大匙

制作方法

1 制作肉末咖喱。

在平底锅里放入1大匙色拉油，用中火加热。加入大蒜、姜，爆香后，加入洋葱、胡萝卜翻炒5分钟左右。再加入肉末、盐翻炒3分钟左右，然后加入番茄酱、咖喱粉、西式汤的材料、水、混合豆类，煮5～6分钟直到汤汁几乎收干为止（图A）。将溶水淀粉混合好加入锅里，煮沸之后，关火冷却。

2 揉面，进行第一次发酵后包上馅料。

参考P4～6的步骤1～7，按同样的要领制作。但是，在步骤1中要向高筋粉中加入咖喱粉，快速混合好。另外，在步骤7中，将面团均分为9等份后，轻轻地揉圆。在操作台上撒干粉，将面团均擀成直径10厘米的面皮，在中央放上1大匙肉末咖喱。捏着面皮的边缘部分向中央拉伸，将馅儿包起来（图B），然后揉面团直到表面紧绷光滑为止（参考P29的POINT）。将气口紧紧地封闭起来。

3 二次发酵。

参考P7的步骤8，按同样的要领制作。但是，要将面团的气口朝下、按3个×3列的正方形进行摆放。用毛刷给 面团的表面刷少量的水，然后撒上面包屑（图C）。

4 进行炸烤。

参考P7的步骤9，按同样的要领制作。但是，只烤面团的一面，上下翻转重新放回锅里后，在面团的周围加入4大匙色拉油（图D）。再次盖上锅盖，用微火加热6～7分钟，再换成中火烤1分钟。用2个锅铲将其上下翻转，取出冷却（小心烫伤*）。

（1/4量的热量477千卡，含盐1.6克）

*还有剩的油，所以取出时一定不要让平底锅倾斜。

喜欢甜面包的人一定要试试！

Sweet 奶香手撕面包

甜食爱好者必看！奶香手撕面包是在基础手撕面包上加入炼乳完成的，味道更甜美。又软又有劲道的口感以及炼乳温和的甜味，超级搭配。

Milky

基础奶香手撕面包

材料（做一个的分量）

=用直径20厘米的平底锅=

高筋粉…………… 220克
炼乳…………………… 30克
砂糖…………………… 30克
盐……………… 1/2小匙
牛奶……………… 100克
水……………………… 30克
干酵母……………… 6克
黄油…………………… 20克

和面，将面团揉圆

面团加炼乳，就可以做成奶香手撕面包啦！

1 向耐热容器里加入牛奶和水，不盖薄膜，放入微波炉加热30秒，至体温即可。加入干酵母，快速搅拌好（没有完全溶解也可以）。在容器里加入高筋粉、砂糖、盐、炼乳，将加有酵母的牛奶溶液加入容器里，用橡皮刮刀进行搅拌，直到没有粉状为止。用手揉成一个面团，取出放在操作台上。

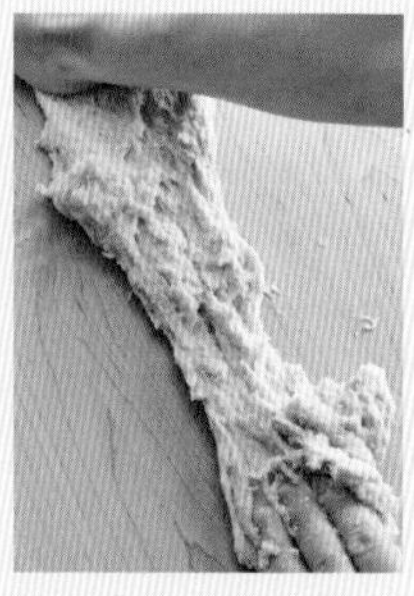

2 用手掌将面团推开，再折叠到面前。一边将面团旋转90°，一边重复以上操作，揉按4分钟左右直到表面光滑。

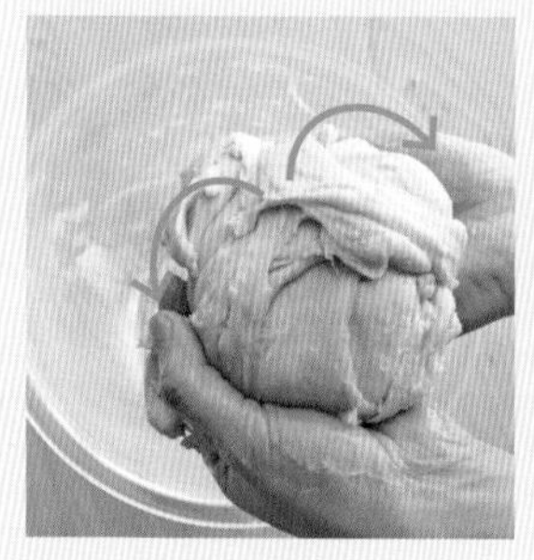

3 在耐热容器里加入黄油，不盖薄膜，放入微波炉中加热20秒，使其变软。然后将面团重新放入容器，加入黄油，再用面团包裹住黄油。然后向外侧拉伸后揉圆，重复此动作数次，使黄油和面团完全融合。

4 将面团取出放在操作台上，与步骤2一样再揉4分钟，直到表面光滑（最开始揉的时候会很黏，不要着急，继续揉就可以，慢慢地就揉成面团了）。

5 将面团切成4等份。逐个放在手掌上，捏着面团的边缘部分向中央拉伸，揉圆至表面呈光滑紧绷状态。将气口紧紧封好。

用平底锅进行发酵

6 向直径20厘米的平底锅里加入1大匙水，然后铺上薄布。将面团气口朝下，按左图摆放进锅里，盖上锅盖。用微火加热1分钟，再关火。盖着锅盖静置20分钟，直到面团膨胀为原来的1.5倍（这是第一次发酵）。

7 将面团取出放在操作台上，4个面团叠放在一起，用手掌从上面按压下去，排出里面的气体。将面团分成16等份。同步骤5一样，揉圆至表面呈紧绷光滑状态，将气口紧紧地封好。

8 将薄布上的水汽擦掉，再铺回烤盘。将面团的气口朝上，按上图摆放进锅里，盖上锅盖。用微火加热1分钟后，关火。静置15分钟，直到面团发酵膨胀到原来的1.5倍（这是二次发酵）。

烘烤两面

9 盖着锅盖，用微火加热8 ~ 10分钟。将面包连同薄布一起取出，放在比平底锅大一圈的盘子上。然后将平底锅从上面盖住面团，使其上下翻转，将面团重新装入平底锅里。拿掉旧薄布，盖上锅盖再次用微火加热7 ~ 8分钟。将其取出冷却。

（1/4量的热量313千卡，含盐0.9克）

味道更甜蜜的手撕面包变化做法

棉花糖吐司手撕面包

花生酱的咸味与烤成金黄色的棉花糖的醇厚甜味，两者混合在一起，更加美味！

材料（做一个的量）

P54基础奶香手撕面包 ·············· 1个
棉花糖 ································ 60克
花生酱 ································ 3大匙

制作方法

将棉花糖切成1厘米的块状。在面包上涂花生酱，再放上棉花糖，并且在边缘空出2厘米左右。用烤面包机烤1分钟左右，直到颜色刚刚好。

（1/4量的热量444千卡，含盐1.0克）

放上涂有枫糖浆的坚果

在香脆的坚果上涂枫糖浆做装饰。完成的时候再加点盐，会变得超级好吃，让人欲罢不能。

材料（做一个的量）

P54基础奶香手撕面包……………………1个
（涂有枫糖浆的坚果）
混合坚果（不含盐）……………………40克
枫糖浆……………………………………2大匙
黄油………………………………………5克
粗盐………………………………………少许

制作方法

将坚果切得大块一点放进碗里，用枫糖浆涂满坚果。在耐热容器里加入黄油，不盖薄膜，放入微波炉里加热10秒，使其软化。用刷子将黄油薄薄地涂在面包上，再放上涂有枫糖浆的坚果，撒上粗盐。

（1/4量的热量409千卡，含盐1.2克）

放上柠檬蜂蜜

味道清新的柠檬，最适合加在烤成金黄色的面包上。蜂蜜包裹了柠檬的酸味，味道很温和。

材料（做一个的量）

P54基础奶香手撕面包……………………1个
（柠檬蜂蜜）
柠檬…………………………1/4个（约25克）
细砂糖、蜂蜜……………………各1大匙
黄油………………………………………5克
粗盐………………………………………少许

准备工作

制作柠檬蜂蜜。将柠檬切成薄薄的圆片，按放射状切成8等份，放入容器里，撒上细砂糖，加入蜂蜜后快速搅拌混合，腌制约30分钟。

制作方法

向耐热容器里放入黄油，不盖薄膜，放入微波炉中加热10秒。用毛刷将黄油涂在面包上，再放上柠檬蜂蜜。将剩下的柠檬蜂蜜汁淋在面包上，再撒上粗盐。

（1/4量的热量353千卡，含盐1.1克）

黄油草莓豆沙馅的手撕面包三明治

夹上草莓和豆沙黄油，做成手撕面包三明治。咬上一大口，就可以享受到绝妙的美味。

材料（做一个的量）

= 用直径26厘米的平底锅 =

（面包材料）

P54基础奶香手撕面包的材料……………… 全部

草莓……………………………………………4～5个

粒状豆沙馅……………………………………100克

黄油（无盐）………………………………… 50克

制作方法

1 烤一个正方形的“基础奶香手撕面包”。

参考P54～55的步骤1～9，使用直径26厘米的平底锅，按同样的要领制作。但是，在步骤7中要将面团切成9等份。在步骤8中，将面团放在平底锅中部，按照3个×3列的正方形紧挨着摆好。

2 划上切口，夹好馅料。

去掉草莓蒂，竖着将其切成薄片。将黄油切成薄薄的9等份。将面包冷却后，用刀一列一列地垂直划上切口。涂上豆沙后，将草莓、黄油按顺序均匀地夹进面包里。

（1/4量的热量475千卡，含盐0.9克）

淋上草莓牛奶酱

用草莓牛奶酱装饰出的模样十分可爱。里面还包裹着酸甜的草莓芝士。

材料（制作一个的量）

= 用直径20厘米的平底锅 =

（面包材料）

P54基础奶香手撕面包的材料…………………… 全部

（草莓芝士）

- 奶油芝士 …………………………………… 120克
- 草莓酱 …………………………………… 4大匙

（草莓牛奶酱汁）

- 草莓酱 …………………………………… 2大匙
- 炼乳 …………………………………… 1小匙

准备工作

- 制作草莓芝士。向耐热容器里放奶油芝士，不盖薄膜，放入微波炉中加热20秒。再用橡皮刮刀进行搅拌，使其充分混合。
- 将制作草莓牛奶酱汁的材料混合好。

制作方法

1 用第一次发酵的面团将草莓芝士包起来。

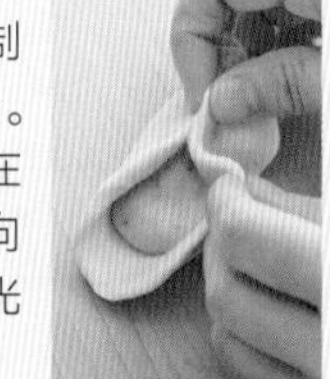

参考P54 ~ 55的步骤1 ~ 7，按同样的要领制作。但是，在步骤7中要将面团切成12等份。轻轻地揉圆后，逐个擀成直径12厘米的面皮。在面皮中央放1大匙草莓芝士。捏着面皮的边缘向中央拉伸，将芝士包起来，揉圆直至表面紧绷光滑。最后将气口紧紧地封好。

2 二次发酵后进行烘烤，淋上酱汁。

参考P55的步骤8 ~ 9，按同样的要领制作。但是，在步骤8中要将面团的气口朝下，按照中间4个、周围8个的形状将面团摆好。烤好冷却后，用勺子将草莓牛奶酱像画线一样淋在面包上。

（1/4量的热量485千卡，含盐1.1克）

一撕开，
里面全是软乎的草莓芝士

巧克力蘸酱手撕面包

在花环形面包的中央放上巧克力酱。用撕开的面包蘸着巧克力酱吃，美味和乐趣都会翻倍！

材料（做一个的量）

=用直径20厘米的平底锅=

P54基础奶香手撕面包的材料……全部
（巧克力酱）
块状巧克力（牛奶）……50克
牛奶（如果有的话用生奶油）……2大匙
黄油……5克
杏仁片……1大匙（约5克）

准备工作

- 用剪成边长20厘米的正方形薄布，将口径7厘米的布丁烤杯包起来，整理一下做出杯子状（做好后将布丁烤杯取出）。

- 块状巧克力切得大一点。
- 将杏仁用平底锅煸炒出香脆口感。

制作方法

1 将面团摆成花环形，进行二次发酵。

参考P54～55的步骤1～8，按同样的要领制作。但是，在步骤7中，要将面团切成10等份。在步骤8中将面团沿着平底锅的边缘，按右图紧挨着摆好。

2 两面都要烘烤。

参考P55的步骤9，按同样的要领制作。但是，烤好一面后，将面团取出放到盘子里，盖上新薄布，再盖上平底锅上下翻转过来，摘下旧薄布，盖上锅盖，用微火烤4分钟左右。

3 加入巧克力酱。

往薄布做成的杯子里注入巧克力酱，将其放在面团的正中间*，再盖上锅盖，用微火烤3～5分钟。烤好后将面包连同薄布一起取出，冷却。

*如果连着布丁烤杯一起烤，在和布丁烤杯连接的部分，热力会很难传递给面团，可能会烤不熟。因此，烤之前暂时把布丁烤杯取出，只把用薄布做的杯子放进平底锅即可。

4 撒上杏仁片就完成了。

向耐热容器里加入黄油，不盖薄膜，放入微波炉中加热10秒，使其软化。用毛刷将黄油薄薄地涂在面包上，撒上杏仁片。将装巧克力酱的杯子放回布丁烤杯里，配合布丁烤杯，修剪薄布的上部。修剪后放在面包的中间，一边蘸酱一边享用就可以了。

（1/4量的热量405千卡，含盐0.9克）

进阶篇

7类升级版平底锅手撕面包

- 手撕热狗面包
- 手撕油炸面包
- 手撕面包卷
- 手撕英式小松饼
- 手撕佛卡夏
- 用自发粉做手撕司康
- 用自发粉做手撕蒸面包
- 从秘诀到享受制作乐趣，关于平底锅手撕面包的Q&A

chapter

1

手撕热狗面包

热狗面包还可以做成手撕面包？
配合着平底锅的形状来制作，
刚好可以做成4个长短不同的，
如亲子般亲密排列着的可爱手撕热狗面包。
松软轻弹的口感和淡雅朴实的味道
十分有魅力。

基础热狗面包

先简单品尝刚烤好的美味。和任何馅料都很搭配，也可以做成三明治！

材料（做一个的量）

=用直径20厘米的平底锅=

（面包材料）

- 高筋粉……150克
- 低筋粉……30克
- 蛋黄……1个
- 砂糖……1.5大匙
- 盐……1/3小匙
- 黄油……15克
- （酵母液）
  - 干酵母……3克
  - 水（常温）……85克

做干粉用的高筋粉……适量

准备工作

- 向耐热容器里加入配制酵母液用的水，不盖保鲜膜，直接放入微波炉中加热10秒，达到体温即可（用手指轻轻触碰，感觉到热即可）。然后加入酵母，快速混合起来（没有完全溶解也可以）。
- 向耐热容器里加入黄油，不盖保鲜膜，放入微波炉中加热10秒，使其软化。

制作方法

和面，将面团揉圆！

1 混合材料

将面包材料中除黄油之外的所有材料都放入碗里，用橡皮刮刀进行搅拌直到没有粉状物质。用手将面揉成一个大面团，取出来放在操作台上。

2 揉面

用手将面团推开，再折叠起来。一边将面团进行90°旋转，一边重复前面这个操作，按揉4分钟左右，直到表面变光滑。揉完后将面团放回碗里。

3 加入黄油

向步骤2中的面团里加入黄油，用面团包裹住黄油。然后向左右拉伸，在向外拉伸的过程中内侧会露出来，然后将其揉圆，再次重复向外拉伸的操作，使黄油均匀地遍布整个面团。和步骤2一样，再揉4分钟左右，直到表面变光滑。

4 揉成圆球即完成

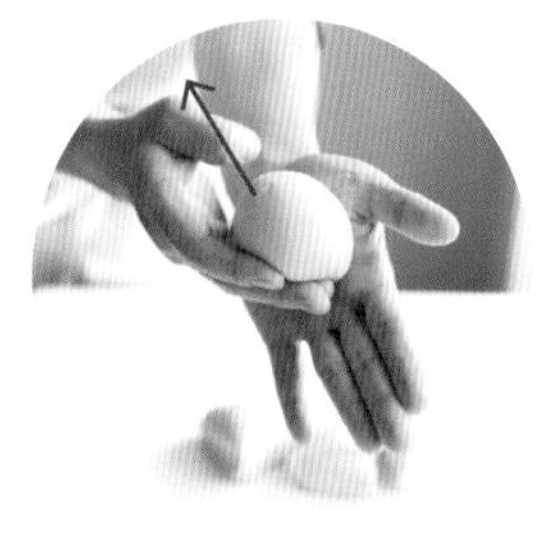

将步骤3中的面团切成4等份。逐个放在手掌上，捏着面团的边缘部分向中央拉伸，慢慢地揉圆至表面有弹性，将气口捏紧封闭起来（图A）。

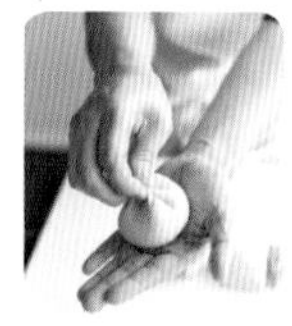

A

用平底锅发酵、烘烤！

5 用微火加热后静置

第一次发酵

发酵前

发酵后

向直径20厘米的平底锅里加入1大匙水，之后铺上薄布。将步骤4中的面团气口朝下，整齐放入锅里，轻轻按压一下使其变平，再盖上锅盖，用微火加热1分钟后，关火。盖着锅盖静置20分钟，直到面团膨胀到原来的1.5倍（这是第一次发酵）。

6 切分面团，将其拉伸呈细长棒状

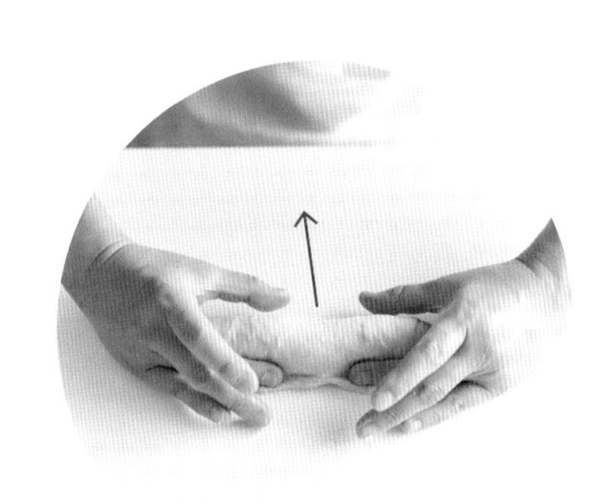

将步骤5中的面团取出来，放在操作台上揉搓叠合，并用手按压排出面团中的气体。将面团分成3等份，再将每份面团进一步分成2份。在操作台上撒干粉，将每个面团分别揉圆后，用手指揉按转动面团。将较小的两个面团拉成长10厘米的细长棒状，将较大的拉伸为长20厘米的细长棒状。将气口紧紧地封好（参考下面的POINT）。

POINT

- **发酵和烘烤的时候不要忘了盖锅盖。**

为了保持面团的温度和防止面团变干，在发酵和烘烤时要盖上锅盖。请使用适合平底锅大小的锅盖。

- **将面团分成4份，发酵会更快！**

第一次发酵的时候将面团均分为4份，这样面团更容易升温，发酵会更快。将膨起来的面团叠在一起，用手掌按压排出气体。

7 再次加热后静置

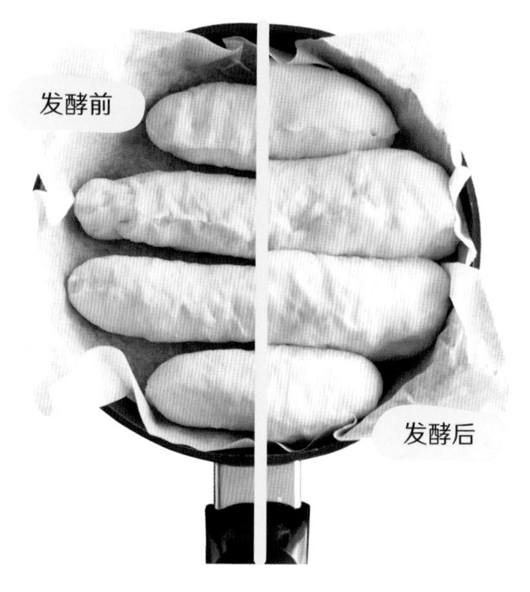

把薄布上的水汽擦掉，再铺回去。在中央放2个步骤6中的大面团，上下各放1个小面团，气口都朝上，整齐放进锅里，盖上锅盖。用微火加热1分钟后，关火。盖上锅盖静置15分钟左右，直到面团发酵膨胀到原来的1.5倍（这是二次发酵）。

8 两面均烘烤好，完成

步骤7的面团膨起来之后，盖着锅盖，用微火加热8 ~ 10分钟。接着将面包连同薄布一起取出，放在比平底锅大一圈的盘子上。然后将平底锅倒过来盖住面团，把盘子和平底锅一起上下翻转。拿掉薄布，盖上锅盖，再用微火加热7 ~ 8分钟。将其取出冷却。

（1/3量的热量302千卡，含盐0.8克）

- 将第一次发酵后的面团分为两大两小。

在步骤6中，将面团做成棒状前，首先将面团分成两大两小，分别轻轻地揉圆。

- 拉伸为细长棒状的时候，表面会产生弹性。

用两只手的无名指贴着面团的两侧，往自己这一侧滑动，使面团表面显出光滑紧实感。一边延展，一边将无名指向左右两侧移动，面团会变得又细又长。

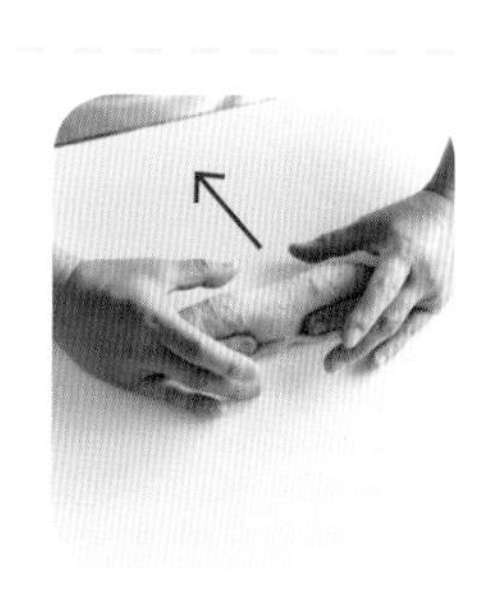

意大利面热狗面包

将西餐店传统的意大利面做成馅料满满的三明治，再放上煮好的鸡蛋。略有怀旧风味，让人十分心动！

做成夹有各种馅料的热狗三明治！

材料（做一个的量）

P64基础热狗面包……………………1个

（馅料）

- 意大利面……………………150克
- 煮鸡蛋……………………1个

（装饰）

- 香芹末、粗粒黑胡椒……………… 各少许

馅料的准备

将煮鸡蛋切成两半，再各自分为4等份。

制作方法

将按照P64 ~ 66的制作方法做1个基础热狗面包，待完全冷却后，用刀在上面画出切口，按顺序均匀地夹上馅料。若想放更多的馅料，要以斜口方式入刀；若希望能看得见馅料，就以垂直方式入刀。

（1/3量的热量415千卡，含盐1.7克）

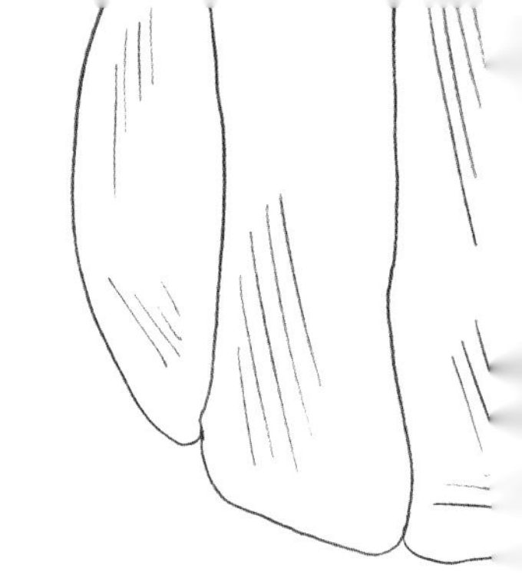

水果热狗面包

用满满的奶油和各种各样的水果来装饰面包，就可以做出好吃又可爱的像蛋糕一样的三明治！

材料（做一个的量）

P64基础热狗面包……………………………1个
（馅料）
（搅打奶油）
生奶油……………………………………1/2杯
砂糖………………………………………2小匙
葡萄（青色・紫色）……………………各5颗
芒果 ………………………………………1/3个
覆盆子 ………………………………………5颗
（装饰）
粉砂糖 ……………………………………少许

馅料的准备

在碗里放入搅打奶油的材料，用手动搅拌器打发至可拉出尖角的程度（这样放进塑料袋里挤出来才好看）。将芒果削皮后切成2.5厘米的块状备用。

装饰

通过滤茶器将粉砂糖撒在面包上。

（1/3量的热量498千卡，含盐0.8克）

抹茶豆沙水果热狗面包

将豆沙、水果作为装饰放在上面，使其更有和式风格。微苦的抹茶奶油强化了整体印象。

P64基础热狗面包…………………… 1个
（馅料）
（抹茶奶油）
生奶油…………………… 1/2杯
抹茶、砂糖…………………… 各2小匙
混合水果（罐装，去除汁液）…………………… 70克
煮熟的豆沙 …………………… 3大匙
樱桃（罐装，去除汁液）…………………… 6个

在碗里放入抹茶奶油的材料，用手动搅拌器打发至可拉出尖角的程度（这样放进塑料袋里挤出来才好看）。将混合水果切成一口可以吃掉的大小备用。

（1/3量的热量524千卡，含盐0.8克）

炸虾热狗面包

细长的炸虾和热狗面包超级搭配！酥脆的外皮让人回味无穷。

材料（做一个的量）

P64基础热狗面包……………………………… 1个

（馅料）

切成细条的卷心菜叶 ………………………… 1片

炸虾（小）………………………………………… 6个

番茄 ……………………………………………… 1/2个

（装饰）

中等浓度的酱料 …………………………… 适量

馅料的准备

将番茄蒂去掉，切成薄薄的半月形。

（1/3量的热量400千卡，含盐1.8克）

亲子香肠热狗面包

夹上长短不一的香肠后，做成只有手撕热狗面包才可以做出来的独特热狗！

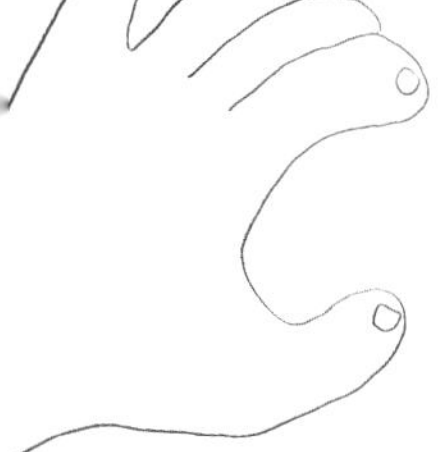

材料（备一个的量）

P64基础热狗面包 …… 1个
（馅料）
紫叶生菜的叶子 …… 1片
维也纳小香肠（长・短）…… 各2根
（装饰）
番茄酱、法式芥末 …… 各适量
色拉油 …… 少许

馅料的准备

向平底锅中放入色拉油，用中火烧热，将香肠滚动着煎2 ~ 3分钟。将紫叶生菜的叶子撕成方便吃的大小。

（1/3量的热量461千卡，含盐2.0克）

chapter

2

手撕油炸面包

烤得刚刚好的手撕面包很吸引人。
再用油煎烤，外面很酥脆，中间很松软！
圆滚滚的手撕油炸面包，
包上刚好一口就可以吃掉的馅料，
分量刚刚好。
也可以尝试用汉堡牛肉饼和芝士做馅料。

黄豆粉油炸面包

虽说和热狗面包材料相同，却可以享用完全不同的两种味道。面包糠松脆的口感是一大亮点。还可以撒上黄豆粉，做成营养午餐配膳。

材料（做一个的量）

=用直径20厘米的平底锅=

（面团）

- 高筋粉……150克
- 低筋粉……30克
- 鸡蛋黄……1个
- 砂糖……1.5大匙
- 盐……1/3小匙
- 黄油……15克
- （酵母液）
  - 干酵母……3克
  - 水（常温）……85克

做干粉用的高筋粉……适量

面包糠……1大匙

色拉油……4大匙

（黄豆粉砂糖）

- 黄豆粉……2小匙
- 砂糖……1小匙
- 盐……少许

★到排出面团中的气体之前，参考P64～65基础热狗面包的准备工作和制作步骤1～6，同样进行制作。

制作方法

将面团揉圆，加油烘烤！

1 撒上面包糠

将面团平均分成12份，在手上抹干粉，参照P64的步骤4将面团揉圆。把薄布上的水汽擦干净，再铺回锅里。将面团的气口朝下，按照中间3个、周围9个的方式来摆放。在面团的表面用毛刷涂上少量水，然后撒上面包糠。

2 用微火加热后，静置

将步骤1中的平底锅盖上锅盖，用微火加热1分钟后，关火。盖着锅盖静置15分钟，直到面团发酵膨胀为原来的1.5倍（二次发酵）。

3 加入油，进行油煎烘烤

步骤2中的面团膨起来后，盖着锅盖，用微火烤8～10分钟。然后连着整个薄布将面团取出来，放在比平底锅大一圈的盘子上。然后将平底锅倒过来从上面盖住面团，把盘子和平底锅一起上下翻转。拿掉薄布，从外缘加入色拉油，盖上锅盖再用微火烤5～6分钟。之后拿掉锅盖改为中火，将平底锅倾斜，使油可以遍布整个锅面，再烤1分钟。

4 完成

用2支木铲将整个面包取出，放在网架上（平底锅里还残留一些油，所以一定要注意不要烫伤自己）。将面包上下翻转，使油炸的那一面朝上，冷却。将黄豆粉砂糖的材料混合好后撒在上面（图A）。

（1/4量的热量308千卡，含盐0.6克）

巧克力香蕉油炸面包

和巧克力一起，香蕉也变软了。香甜在嘴里扩散开来，美味简直无敌了！

做成含有各种馅料的多样性油炸面包！

材料（做一个的量）

=用直径20厘米的平底锅=

（面包材料）

- 黄豆粉油炸面包的材料 …… 全部
- 可可粉 …… 1大匙

（馅料）

- 香蕉 …… 1根
- 块状巧克力（牛奶）…… 1块（约50克）

做干粉用的高筋粉 …… 适量
面包糠 …… 1大匙
色拉油 …… 4大匙

馅料的准备

将香蕉切成12等份的小圆片。将巧克力也分成12等份。

制作方法

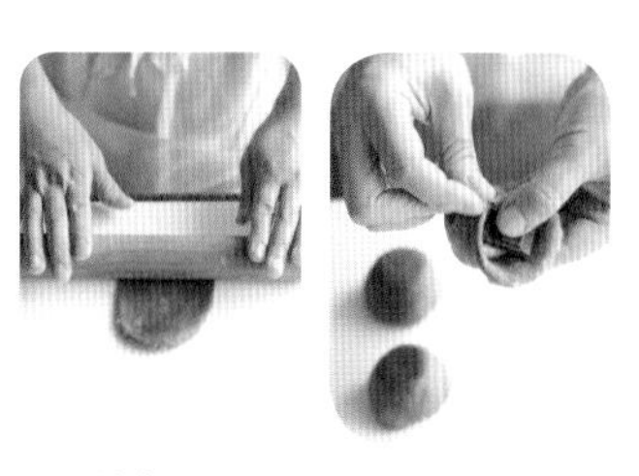

和P74黄豆粉油炸面包的做法相同。但是，将面团分成12等份，在操作台和擀面杖上撒干粉，将每一个面团都擀成直径8厘米的圆形面皮。放上总馅料的1/12，然后将面皮的边缘向中间拉伸，包起来（揉圆的时候，形状不好看也是可以的）。包起时紧紧地将气口封好，防止馅料露出来。用拧干的硬质湿毛巾盖好面团，以防止其变干。

（1/4量的热量398千卡，含盐0.6克）

咖喱汉堡排油炸面包

在汉堡牛肉饼里加入咖喱，双重馅料使咖喱的味道更突出。馅料是做便当用的刚好一口大小的汉堡牛肉饼。

材料（做一个的量）

=用直径20厘米的平底锅=

（面包材料）

P74黄豆粉油炸面包的材料 …… 全部

咖喱粉 …… 1小匙

（馅料）

市场上销售的汉堡牛肉饼（4厘米×3厘米）…… 6个

中等浓度的酱汁 …… 1大匙

咖喱粉 …… 1/4小匙

（装饰）

香芹末 …… 少许

做干粉用的高筋粉 …… 适量

面包糠 …… 1大匙

色拉油 …… 4大匙

馅料的准备

将汉堡牛肉饼按照说明书进行解冻，并切成两半。在酱汁里加入咖喱粉后混合好，用来调制牛肉饼。

（1/4量的热量371千卡，含盐1.3克）

玛格丽塔油炸面包

包上莫扎瑞拉奶酪、番茄、罗勒叶，做成比萨风味。熔化的芝士和罗勒叶的香气让人无法自拔！

材料（做一个的量）

=用直径20厘米的平底锅=

（面包材料）

P74黄豆粉油炸面包的材料 …… 全部

（馅料）

樱桃番茄（选用较小的）…… 12个

莫扎瑞拉奶酪（一口可以吃掉的大小）…… 12个

罗勒叶 …… 6片

（装饰）

帕尔马奶酪的粉末（粉状芝士）、粗粒黑胡椒 …… 各少许

做干粉用的高筋粉 …… 适量

面包糠 …… 1大匙

色拉油 …… 4大匙

馅料的准备

将芝士上的水擦干净。将罗勒叶撕成两半。

（1/4量的热量379千卡，含盐0.6克）

干烧虾仁油炸面包

虾肉富有弹性的口感和辣椒酱的味道让人着迷！加上小葱，香气会更诱人。

材料（做一个的量）

＝用直径20厘米的平底锅＝

（面包材料）

P74黄豆粉油炸面包的材料 ………… 全部

（馅料）

煮熟的虾（去壳）………… 120克

小葱末 ………… 1/5根

番茄酱 ………… 1.5大匙

豆瓣酱、香油、酱油 ………… 各1/4小匙

盐 ………… 1撮

做干粉用的高筋粉 ………… 适量

面包糠 ………… 1大匙

色拉油 ………… 4大匙

馅料的准备

将虾切成长2厘米大小。把剩下的材料混合起来，用来腌制虾。

（1/4量的热量351千卡，含盐1.3克）

*馅料的汁液若是沾到面团边缘上，容易让闭合处破掉，所以要将面团擀成直径10厘米左右的面皮，这样才会更放心。汁液若是漏出来，会溅起油花，所以要紧紧地封住口。

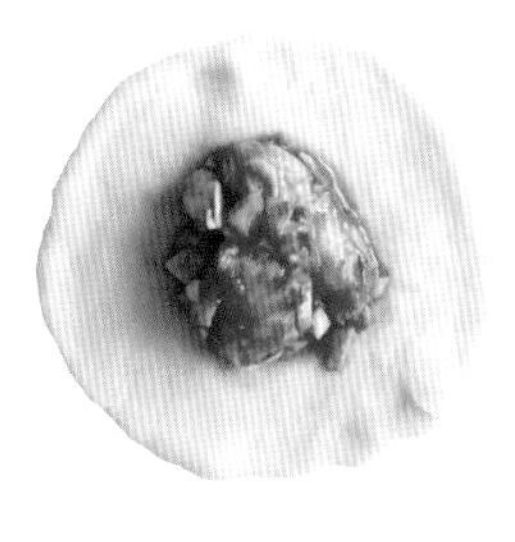

chapter 3

手撕面包卷

一圈一圈整齐排列的波纹模样
是面包卷的一大特点。
将面团像蛋糕卷一样卷好切开即可，
不需要花功夫去一个个揉圆，
而且馅料很充足，
不管是点心面包还是蔬菜面包
都可以做出来。

肉桂面包卷

约70分钟就可以完成！

面包卷松软的口感，会让人吃了就停不下来。肉桂面包卷的香甜，在口中蔓延开来。

材料（做一个的量）

=用直径20厘米的平底锅=

（面包材料）

高筋粉	180克
打好的鸡蛋	1/2个
砂糖	2大匙
盐	1/2小匙
黄油	20克
（酵母液）	
干酵母	80克
水（常温）	80克
（肉桂糖）	
砂糖	1大匙
肉桂粉	1小匙
做干粉用的高筋粉	适量

准备工作

- 向耐热容器中加入酵母液配料中的水，然后不盖保鲜膜，放入微波炉中加热10秒，达到体温即可（用手指轻轻触碰，感觉到热即可）。然后加入酵母，快速混合好（没有完全溶解也可以）。
- 向耐热容器里加入黄油，不盖保鲜膜，放入微波炉中加热20秒，使其变软。

制作方法

和面，将其揉圆。

1 混合材料

将面包材料中除黄油之外的所有材料都放入碗里，用橡皮刮刀搅拌到没有粉状物为止。用手将材料揉成一个面团，取出放在操作台上。

2 揉面

用手将面团推开，再折叠到面前。一边将面团进行90°旋转，一边重复前面这个操作，揉按4分钟左右，到表面变光滑。揉完之后将面团放回碗里。

3 加入黄油

向步骤2中的面团里加入黄油，用面团包裹住黄油。然后向左右拉伸，在向外拉伸的过程中内侧会露出来，然后将其揉圆，再次重复向外拉伸的操作，使黄油遍布整个面团。和步骤2一样，再揉4分钟左右，直到表面光滑为止。

4 揉圆即完成

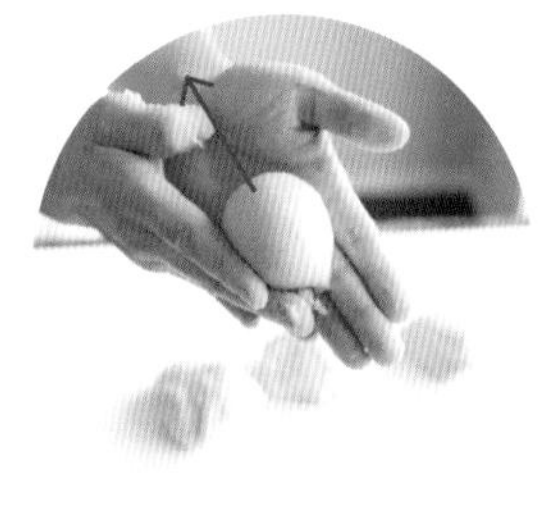

将步骤3中的面团切成4等份。一个接一个放在手掌上，捏着面团的边缘部分向中央拉伸，慢慢地揉圆至表面有弹性，将气口捏紧封闭起来（图A）。

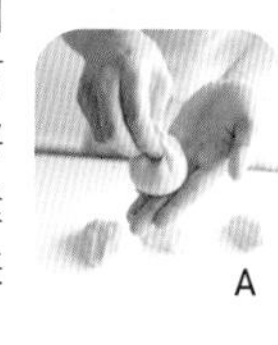
A

用平底锅进行发酵、烘烤！

5 用微火加热后，静置

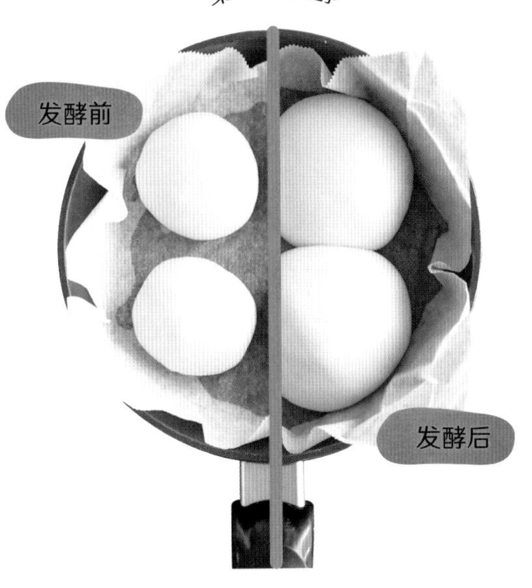

向直径20厘米的平底锅里加入1大匙水后，铺上薄布。将步骤4中的面团气口朝下，整齐放入锅里，轻轻压一下使面团变平。再盖上锅盖，用微火加热1分钟，关上火。盖着锅盖静置20分钟，直到面团膨胀到原来的1.5倍（这是第一次发酵）。

6 擀开面团，再卷起来

将步骤5中的面团取出放在操作台上揉搓叠合，用手按压将气体排出来。在操作台和擀面杖上撒干粉，将面团擀成25厘米×30厘米的长方形。将混合肉桂糖的材料，均匀地撒遍整体，直到离面团边缘2厘米处。然后将面皮从面前向对侧卷过去。卷完后按压边缘部分使其融合在一起，再将面团切割成9等份（参考下面的POINT）。

POINT

- 发酵和烘烤时，别忘了盖上锅盖。

为保持面团的温度和防止面团变干，在发酵和烘烤时要盖上锅盖。请使用适合平底锅大小的锅盖。

- 擀开面团时，要保持厚度均匀。

在步骤6中，要将面团的厚度擀得很均匀。擀面诀窍是从面团的中心开始，向前后以及四个角的方向擀开。

7 再次加热，静置

擦掉薄布上的水汽，把薄布再铺回去。将步骤6中的面团以3个为1列，共排3列（请将排在两端的面团切口朝下摆放）。盖上锅盖，用微火加热1分钟后关火。盖着锅盖静置15分钟左右，直到面团发酵膨胀到原来的1.5倍（这是二次发酵）。

8 将两面进行烘烤，就做好了

步骤7中的面团膨起来之后，盖上锅盖，用微火加热8 ~ 10分钟。接着将面包连同薄布一起取出，放在比平底锅大一圈的盘子上。然后将平底锅倒过来从上面盖住面团，把盘子和平底锅一起上下翻转。拿掉薄布，盖上锅盖再用微火加热7 ~ 8分钟。将其取出冷却。

（1/3量的热量323千卡，含盐1.2克）

- **将面皮从一端开始一点一点向前卷起来。**

刚开始卷的时候不能一下子全部卷好，要将面皮一点点往前卷。保持相同的动作，面皮卷到一半左右时，剩下的部分就可以很快卷起来了。

- **切分时要尽量保持高度一致。**

首先要将卷好的面团按长度均分为3份，切好后，再将每份切成3等份。这样烤出来的面包高度就会很整齐。

抹茶芝麻豆沙面包卷

豆沙的香甜与抹茶面团十分相配。再加上充满香气的芝麻，可以享用到很奢侈的美味。

卷很多的馅儿，做成馅料满满的面包卷！

材料（做一个的量）

=用直径20厘米的平底锅=

（面包材料）

P80肉桂面包卷的材料	全部
抹茶	1小匙

（馅料）

煮好的豆沙	200克
黑芝麻粉	2大匙
做干粉用的高筋粉	适量

制作方法

和“肉桂面包卷”的制作方法相同（P80 ~ 81）。但是，擀好面皮后，在一侧空出2厘米左右的空间，要将馅料按顺序放上去（按先后顺序排列好材料）。为避免切开的时候溢出馅料，要从面团的两端开始一点一点地向前紧紧地卷起来。

（1/3量的热量493千卡，含盐1.3克）

鸡蛋塔塔酱面包卷

卷有满满的鸡蛋塔塔酱，美味满分的人气面包卷。

葡萄干柠檬黄油面包卷

由葡萄干和蜂蜜柠檬组成的绝妙组合。黄油恰到好处的咸味很好地起到了调味作用。

鸡蛋塔塔酱面包卷

材料（做一个的量）

＝用直径20厘米的平底锅＝

（面包材料）

P80肉桂面包卷的材料……全部

（馅料）

煮好的鸡蛋切末……3个

香芹粉末……1大匙

蛋黄酱……3大匙

盐……1撮

做干粉用的高筋粉……适量

馅料的准备

将所有材料混合起来。

（1/3量的热量465千卡，含盐2.0克）

葡萄干柠檬黄油面包卷

材料（做一个的量）

＝用直径20厘米的平底锅＝

（面包材料）

P80肉桂面包卷的材料……全部

（馅料）

黄油*……20克

葡萄干……140克

（蜂蜜柠檬）

柠檬……1/2个

蜂蜜……2大匙

（装饰）

蜂蜜柠檬……1/2

做干粉用的高筋粉……适量

*将回温至常温的黄油，均匀地涂在面团上。

馅料的准备

将柠檬连皮切成薄薄的圆片后，再切成细条，用蜂蜜腌制。将装饰用的蜂蜜柠檬先取出一半储存起来。

（1/3量的热量545千卡，含盐1.3克）

咖啡巧克力面包卷

带有苦味的咖啡面团与白巧克力的浓厚香甜完美搭配在一起。烘烤之后溢出的巧克力超美味！

材料（做一个的量）

＝用直径20厘米的平底锅＝

（面包材料）

P80肉桂面包卷的材料（除酵母液外）……………… 全部

（咖啡酵母液*）

干酵母…………………… 3克

速溶咖啡（颗粒状）…………… 2大匙

水（常温）……………… 85克

（馅料）

块状巧克力（白色）………… 3块（约120克）

（装饰）

（咖啡糖衣）

粉状砂糖……………… 25克

咖啡液*……………… 1小匙

做干粉用的高筋粉…………………… 适量

*用咖啡酵母液代替面包材料中的酵母液。用微波炉将水加热，加入速溶咖啡溶解。取出准备做糖衣的1小匙咖啡溶液后，剩下的再加入干酵母混合制成咖啡酵母液。

馅料的准备

将白色巧克力切成大块备用。

装饰

将咖啡糖衣的材料混合好，用勺子像画线一样淋在面包上。

（1/3量的热量582千卡，含盐1.2克）

玉米蛋黄酱香肠面包卷

将香肠作为内馅核心卷起来的很独特的面包卷！玉米蛋黄酱是大人小孩都喜欢的味道。

材料（做一个的量）

=用直径20厘米的平底锅=

（面包材料）

P80肉桂面包卷的材料 ………………… 全部

（馅料）

玉米粒（罐装，去掉汁液）……………160克

蛋黄酱 ………………………………… 2大匙

维也纳香肠 …………………………… 4根

（装饰）

粗粒黑胡椒 ………………………… 少许

做干粉用的高筋粉………………………… 适量

馅料的准备

去除玉米的汁液，用蛋黄酱拌好。

（1/3量的热量492千卡，含盐2.1克）

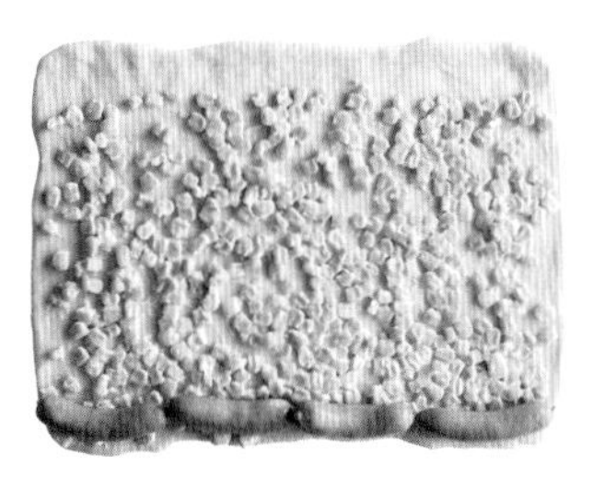

POINT

卷的时候，将香肠和面皮一起往前卷。

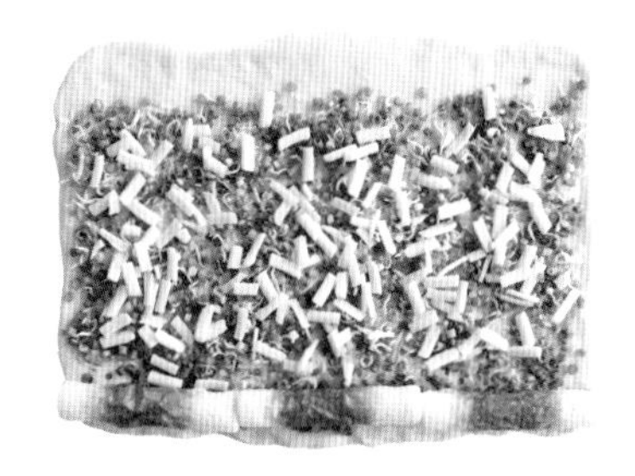

香葱鲱鱼干鱼糕面包卷

做成很流行的鱼糕风味面包！除搭配性很好的香葱和鲱鱼之外，再加上芝士，做小菜和点心都很合适。

材料（做一个的量）

=用直径20厘米的平底锅=

（面包材料）

P80肉桂面包卷的材料 …………………… 全部

（馅料）

万能香葱末 …………………… 10根香葱的量

鲱鱼干 …………………………………… 20克

比萨专用的芝士 ………………………… 40克

做芯儿专用鱼糕 …………………………… 3根

做干粉用的高筋粉……………………… 适量

（1/4量的热量404千卡，含盐2.3克）

chapter

4

手撕英式小松饼

在家也可以制作英式小松饼。
若用手撕面包的形式制作，不用模具也可以做成很可爱的花朵形状！
做出正宗英式小松饼的要诀
是在表面撒玉米粉。
也可以快速制成咖啡风味的
好看的三明治！

基础英式小松饼

因酸奶的作用，可以让面团更湿润，有弹性！撒下玉米粉，让外部就会变得香脆可口。

材料（做一个的量）

＝用直径20厘米的平底锅＝

（面包材料）

- 高筋粉……150克
- 低筋粉……50克
- 砂糖……1大匙
- 盐……1/2小匙
- 黄油……20克
- （酸奶酵母液）
  - 干酵母……3克
  - 纯酸奶……50克
  - 水（常温）……80克

玉米粉……适量

做干粉用的高筋粉……适量

准备工作

- 向耐热容器里加入制作酸奶酵母液的纯酸奶和水，不盖保鲜膜，放入微波炉中加热20秒，达到体温即可（用手指轻轻触碰，如果太热的话稍微冷却一下）。然后加入酵母，快速混合起来（没有完全溶解也可以）。
- 向耐热容器里加入黄油，不盖保鲜膜，放入微波炉中加热20秒，使其变软。

制作方法

和面，将其揉圆。

1 混合材料

将面包材料中除黄油之外的所有材料都加入碗里，用橡皮刮刀进行混合，直到没有粉状物质为止。用手将所有材料揉成一个大面团，取出来放在操作台上。

2 揉面

用手推揉面团，再折叠到面前。一边将面团进行90°旋转，一边重复前面这个操作，揉按4分钟左右，直到表面变光滑。揉完之后将面团放回碗里。

3 加入黄油

向步骤2中的面团里加入黄油，用面团包裹住黄油。然后向左右拉伸，在向外侧拉伸的过程中内侧的面会露出来，然后将其揉圆再次重复向外拉伸的操作，使黄油遍布整个面团。和步骤2一样，再揉4分钟左右，直到表面变光滑。

4 揉圆即可完成

将步骤3中的面团切成4等份。逐个放在手掌上，捏着面团的边缘部分向中央拉伸，慢慢地揉圆，使面团具有弹性。将口捏紧封闭起来（图A）。

A

用平底锅发酵，烘烤！

5 用微火加热后，静置

第一次发酵

发酵前

发酵后

向直径20厘米的平底锅里加入1大匙水，铺上薄布。将步骤4中的面团气口朝下，整齐放入锅里，轻轻按压一下使其变平。再盖上锅盖，用微火加热1分钟，关火。盖着锅盖静置20分钟，直到面团膨胀到原来的1.5倍（这是第一次发酵）。

6 切分面团，将其揉圆后涂抹玉米粉

将步骤5中的面团取出来放在操作台上揉搓叠合，用手按压排出气体。将面团切分成6等份，在手上粘干粉，和步骤4一样揉圆（参考下面的POINT）。将面团轻轻压平，整个面团都涂满玉米粉。

POINT

- 发酵和烘烤的时候不要忘了盖上锅盖。

为了保持面团的温度，防止面团变干，在发酵和烘烤时要盖上锅盖。请使用适合平底锅大小的锅盖。

- 将面团切分好后，首先将边缘部分向中间拉伸。

在步骤6中，将面团揉圆的时候，首先要将面团的边缘部分一边拉伸一边向中央汇集（接下一页的POINT）。

7 再次加热后，静置

擦掉薄布上的水汽，把薄布再铺回去。将步骤6中的面团气口都朝上，以中间1个、周围5个的方式排列，整齐放进锅里，盖上锅盖。用微火加热1分钟后关火。盖着锅盖静置15分钟，直到面团发酵膨胀到原来的1.5倍（这是二次发酵）。

8 两面烘烤好，就完成了

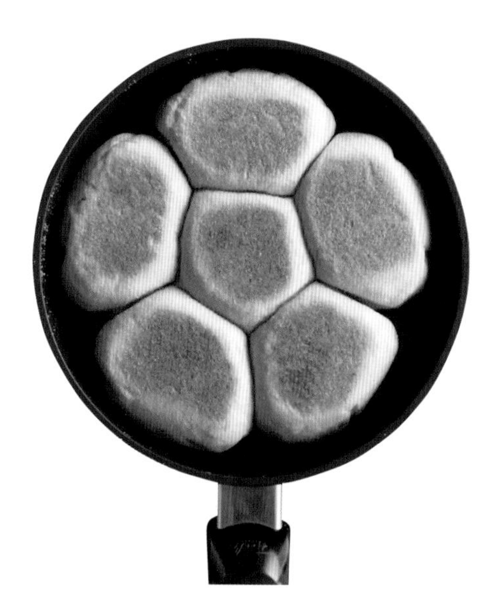

步骤7的面团膨起来之后，盖着锅盖，用微火加热8 ~ 10分钟。接着将面包连同薄布一起取出，放在比平底锅大一圈的盘子上。然后将平底锅倒过来从上面盖住面团，把盘子和平底锅上下翻转。拿掉薄布，盖上锅盖再用微火加热7 ~ 8分钟。将其取出冷却。

（1/6量的热量171千卡，含盐0.6克）

- **揉圆面团时，要将面团揉出弹性。**

接着，要将面团的气口朝下，放在手掌上一边滑动一边将其揉圆。面团表面有弹性，这样烤出来的面包就会格外漂亮！

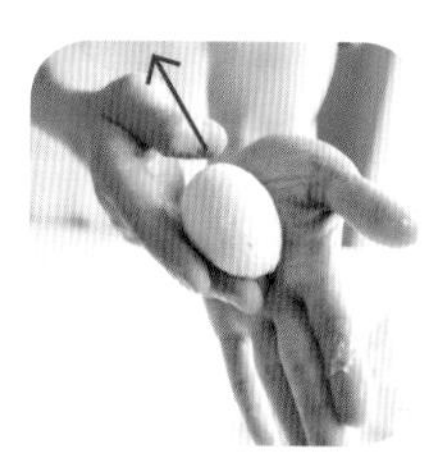

培根鸡蛋小松饼

松软的炒蛋和酥脆的培根是最佳搭配。用很熟悉的早餐搭配作馅料。

夹上各种各样的馅料，做成松饼三明治！

材料（做一个的量）

P90纯英式小松饼……………………………………… 1个
（馅料）
（炒蛋）
打好的鸡蛋…………………………………………… 3个
黄油…………………………………………………… 15克
牛奶…………………………………………………… 2大匙
盐……………………………………………………… 1/4小匙
番茄的圆形切片 ……………………………………… 6个
培根…………………………………………………… 6片
色拉油………………………………………………… 少许

馅料的准备

制作炒蛋。向平底锅里加入黄油，以中火熔化，然后将剩下的材料混合起来加入锅里，用筷子搅拌，加热至半熟状态。将每块培根切成两半。向平底锅里加入色拉油，用中火加热，将培根的两面各煎2分钟左右。

制作方法

待P90 ~ 92的1个纯英式小松饼完全冷却后，用刀横向对半切开。在作为底座的松饼上按顺序叠放上馅料，然后将上半部分盖上。为了方便手撕品尝，每部分松饼都要均匀地摆好馅料。

（1/6量的热量320千卡，含盐1.4克）

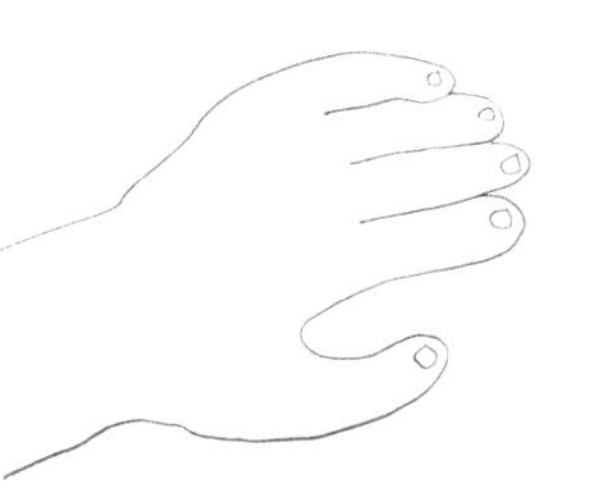

枫糖香蕉小松饼

黄油可以将香蕉煎出诱人的风味，和醇香的枫糖浆更加搭配！

材料（做一个的量）

P90纯英式小松饼……………………1个
（馅料）
（香煎香蕉）
香蕉……………………2根
黄油……………………10克
枫糖浆……………………1大匙
肉桂粉……………………少许
薄荷叶……………………少许
（装饰）
枫糖浆……………………适量

馅料的准备

制作煎香蕉。将香蕉切成3等份，再纵向对半切开。向平底锅里加入黄油，以中火熔化，煎烤香蕉的两面。然后加入枫糖浆，慢慢地煮干收汁，使香蕉上色。将薄荷叶撕成小块备用。

（1/6量的热量239千卡，含盐0.6克）

鲑鱼小松饼

鲑鱼的咸味与蛋黄酱搭配在一起，味道可以得到充分的调和。柠檬的酸味可以很好地提味。

材料（做一个的量）

P90纯英式小松饼……………………1个
（馅料）
蛋黄酱……………………2大匙*
生菜叶……………………1～2片
烟熏鲑鱼……………………90克
柠檬的圆形薄切片……………………6片
*涂在面团上。

馅料的准备

生菜的叶子要撕得容易入口一些。

（1/6量的热量224千卡，含盐1.2克）

奶油芝士香橙小松饼

多汁的香橙绽放出清爽气息！稍微撒点粗粒黑胡椒后，就会比较偏向成人的口味。

材料（做一个的量）

P90纯英式小松饼……………………………… 1个

（馅料）

- 奶油芝士 ……………………………………80克
- 橙子 ………………………………………… 1个
- 蜂蜜 ……………………………………… 1.5大匙
- 粗粒黑胡椒 ………………………………… 少许

馅料的准备

将橙子的皮剥掉，橙肉上的白色部分也要剥掉。然后将其切成厚度约1厘米的圆切片。

（1/6量的热量240千卡，含盐0.7克）

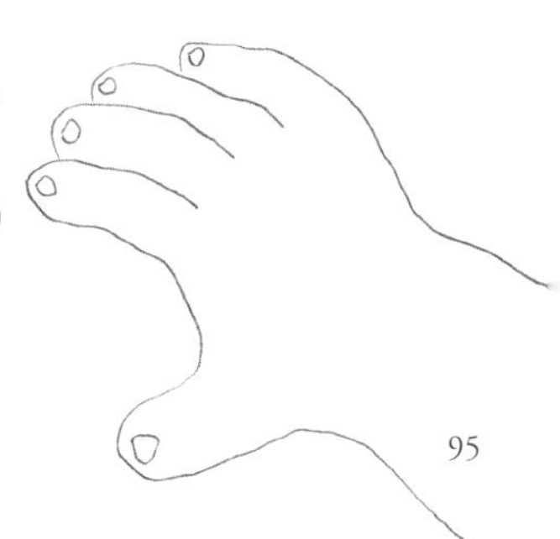

生火腿小松饼

生火腿和带有淡淡酸味的胡萝卜沙拉搭配在一起，香脆的核桃让整体的味道和口感更突出。

材料（做一个的量）

P90纯英式小松饼……………………………………………… 1个
（馅料）
（胡萝卜沙拉）
胡萝卜丝…………………………………………… 1根的量
橄榄油……………………………………………… 1.5大匙
柠檬汁……………………………………………… 1/2大匙
蜂蜜………………………………………………… 1小匙
粗粒黑胡椒………………………………………… 少许
盐…………………………………………………… 适量
生火腿 ……………………………………………… 6片
意式香芹 …………………………………………… 适量
核桃（烤制・不含盐分）………………………… 20克

馅料的准备

制作胡萝卜沙拉。往胡萝卜丝上撒少许盐，静置2～3分钟，待其变软后加入柠檬汁、蜂蜜快速搅拌腌制起来。然后加入橄榄油、粗粒黑胡椒混合好，再加入少许盐来调味。将核桃切得略大一点。将香芹撕成比较容易吃的大小。

（1/6量的热量257千卡，含盐1.0克）

鳄梨芝士火腿三明治

热乎的馅料会带来另一种不同风味的热三明治。加热后的鳄梨，口感会变得更柔软顺滑。

用小松饼来做热三明治！

在纯英式小松饼里夹上馅料后，再进行烘烤即可完成。用锡箔纸包起来烘烤，不仅能让里面的食物熟透，而且很容易进行翻面，可以说是一举两得！

材料（做一个的量）

P90纯英式小松饼……………………………1个
（馅料）
里脊火腿 …………………………………3片
车达奶酪（片状）…………………………3片
鳄梨 ……………………………………1/2个
腌黄瓜 ………………………6个（约30克）
橄榄油…………………………………… 适量
法式芥末…………………………………1大匙

准备工作

- 在纯英式小松饼完全冷却后，用刀横向对半切开。
- 火腿、芝士都对半切开。
- 将鳄梨的核取出来，削好皮，横向切片。
- 将腌黄瓜纵向切成薄片。

制作方法

1 夹好馅料后包起来

将剪好的50厘米的锡箔纸铺开，把松饼放在中央。用毛刷在松饼的表面涂上薄薄的一层橄榄油（图A）。在作为底座的松饼切面上涂法式芥末，然后将馅料按顺序叠放在上面，再将另一片松饼盖上。最后用锡箔纸紧紧地包起来。

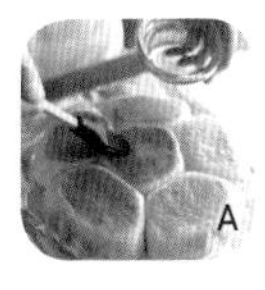
A

2 烘烤

用微火加热烤盘（用平底锅也可以），加入步骤1中的松饼。盖上盘子等重物烤5～6分钟，然后上下翻转，同样再烤5～6分钟。

（1/6量的热量264千卡，含盐1.1克）

chapter

5

手撕佛卡夏

将佛卡夏做成三角形，
就像比萨一样，可以享受到手撕的乐趣。
烤之前将面团展开，
用剪刀将其剪成放射形。
渗入橄榄油风味、恰到好处的咸味面包，
用来做下酒菜再合适不过了！

约**50**分钟就可以完成！

橄榄佛卡夏

只需发酵一次，在碗里就可以进行揉面操作，非常方便！在香脆又酥软的面包上放大量橄榄。

材料（做一个的量）

=用直径20厘米的平底锅=

（面包材料）
- 高筋粉……160克
- 砂糖……2小匙
- 盐……2/3小匙
- 橄榄油……2大匙

（酵母液）
- 干酵母……3克
- 水（常温）……100克

（馅料）
- 橄榄（绿色·黑色，去掉核）……各5颗

橄榄油……适量

准备工作

- 将橄榄切成薄薄的圆切片。
- 在耐热容器里加入水100克，不盖保鲜膜，放入微波炉中加热20秒，达到体温即可（用手指轻轻触碰，太热的话冷却一下）。然后加入酵母，快速混合好（即使没有完全溶解也没关系）。

制作方法

和面，将其揉圆！

1 混合材料

将面包材料中除橄榄油之外的所有材料都加入一个大碗里，用橡皮刮刀进行混合，直到没有粉状物质。

2 揉面

在碗中进行揉面。将面团对折后用手掌反复揉按，重复这个操作2分钟左右，直到面团成形。

3 加入橄榄油

向步骤2中的面团里加入橄榄油（图A）。一边向面团上抹橄榄油，一边将面团向左右拉伸，让内侧的面露出来，然后将其揉圆再次重复向外拉伸的操作，使橄榄油遍布整个面团。和步骤2一样，揉2～3分钟，直到橄榄油与面团融合为止。

A

4 揉圆即完成

将步骤3中的面团切成4等份。逐个放在手掌上，捏着面团的边缘部分向中央拉伸，慢慢地揉圆，使面团有弹性。将口捏紧封闭起来（图B）。

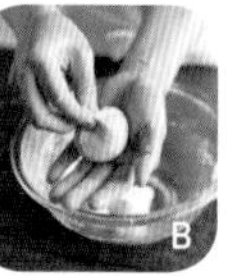

B

用平底锅发酵，烘烤！

5 用微火加热后，静置

向直径20厘米的平底锅里加入1大匙水，铺上薄布。将步骤4中的面团气口朝下，整齐放入锅里，轻轻按压一下使其变平。再盖上锅盖，用微火加热1分钟，关火。盖着锅盖静置20分钟，直到面团膨胀到原来的1.5倍为止（一次发酵即可）。

6 将面团擀开之后，剪成数块

将步骤5中的面团取出来放在操作台上揉搓叠合，用手按压排出面团中的气体。擦干薄布上的水汽，再将薄布铺回去。在手上抹一层薄薄的橄榄油，将面团轻轻地揉圆后放入平底锅。配合平底锅的大小按压展开面团（参考下图），然后将面团连着薄布一起取出。在厨房剪刀上涂薄薄的一层橄榄油，将面团按放射形状切成8等份。

POINT

- 发酵和烘烤的时候不要忘了盖上锅盖。

为了保持面团的温度，防止面团变干，在发酵和烘烤时要盖上锅盖。请使用适合平底锅的锅盖。

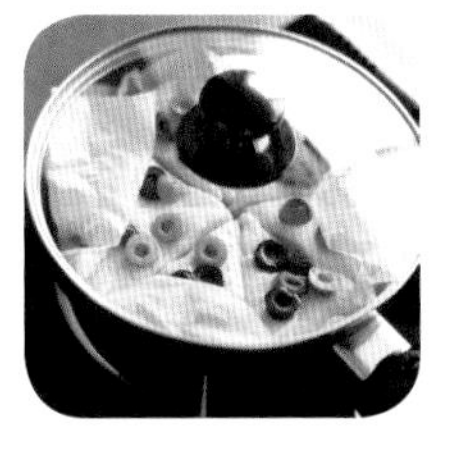

- 按压面团将其展开的时候，要配合平底锅的大小。

在步骤6中，用指尖一点一点地揉搓面团，直到填满平底锅。为了使厚度均匀，要从中间向边缘扩展开去。

7 放上馅料

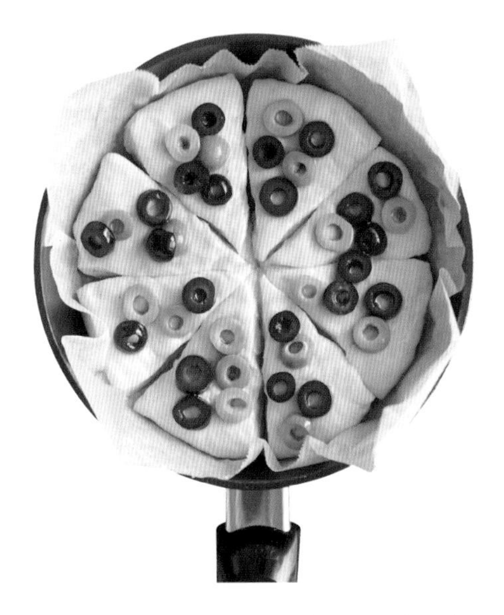

将步骤6中的面团连着薄布一起放回到锅中。在面团表面均匀地撒上橄榄切片后，用手指轻轻按压。然后用毛刷在面团的表面涂上适量的橄榄油（参考下图）。

8 两面都烤好后就完成了

将步骤7的平底锅盖上锅盖，用微火加热8 ~ 12分钟。接着将其连同薄布一起取出，放在比平底锅大一圈的盘子上。然后用平底锅倒过来从上面盖住面团，把盘子和平底锅上下翻转。拿掉薄布，盖上锅盖再用微火加热7 ~ 9分钟。将其取出上下翻转后冷却。

（1/4量的热量227千卡，含盐1.1克）

- 在烤之前涂上橄榄油，烤出的色泽恰到好处。

烤之前，用毛刷在馅料和面团的表面涂上橄榄油。用橄榄油做面团和馅料的涂层，可以烤得恰到好处，十分美味！

番茄迷迭香佛卡夏

慢慢烤出来的番茄的美味浓缩在一起，展现出奢华风味。迷迭香散发清爽的香气。

夹上各种各样的馅料，做成香脆的意式香料面包！

材料（做一个的量）

＝用直径20厘米的平底锅＝

（面包材料）

P100橄榄佛卡夏的材料 …… 全部

（馅料）

小番茄 …… 12个

迷迭香的叶子 …… 1枝的量

盐 …… 少许

橄榄油 …… 适量

馅料的准备

摘掉小番茄的蒂，将其横向切成两半。

制作方法

参考P100 ~ 102的“橄榄意式香料面包”进行同样的作业。但是，放在面团上的馅料要进行更换。面团切开后，将馅料按顺序在面团的表面随机摆好，然后用手指轻轻地按压。烤之前，不要忘记涂橄榄油。

（1/4量的热量227千卡，含盐1.1克）

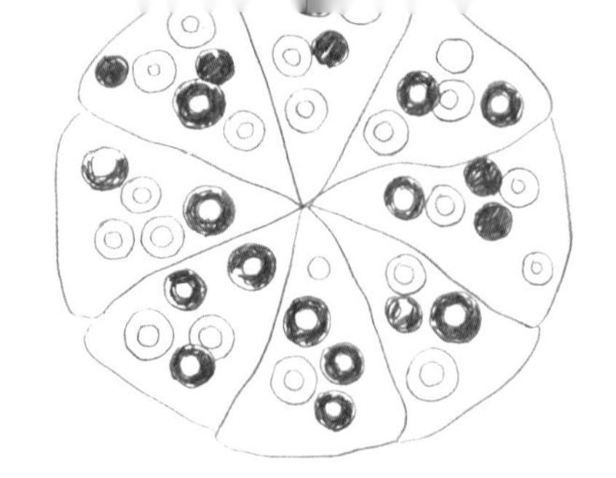

西葫芦芝士佛卡夏

烤得刚刚好的焦黄的西葫芦，变得更加甘甜美味了。熔化的芝士烤得十分酥脆，外形看起来就像翅膀一样！

材料（做一个的量）

＝用直径20厘米的平底锅＝

（面包材料）

P100橄榄佛卡夏的材料 …… 全部

（馅料）

洋葱末 …… 1/8个

西葫芦 …… 1/3根

加工芝士 …… 35克

盐 …… 少许

橄榄油 …… 适量

馅料的准备

将西葫芦切成厚5毫米的半月形切片。将芝士切成1厘米的小块。

（1/4量的热量252千卡，含盐1.4克）

蘑菇彩椒佛卡夏

在面团上放满美味的香菇和灰树花（俗称“舞菇”）。使用两种颜色的辣椒，看上去更多彩美丽。

材料（做一个的量）

＝用直径20厘米的平底锅＝

（面包材料）

P100橄榄佛卡夏的材料 …… 全部

（馅料）

香菇 …… 3个

灰树花 …… 1/3盒（约35克）

辣椒（红色・黄色）…… 各1/8个

盐 …… 少许

橄榄油 …… 适量

馅料的准备

将灰树花掰开，可以掰得大块一点。将香菇切成伞形，即纵向切成薄片。要去掉辣椒籽，然后将辣椒横向切开，再纵向切成薄片。

（1/4量的热量224千卡，含盐1.1克）

鹌鹑蛋香肠佛卡夏

多汁的香肠和鹌鹑蛋十分搭配。撒上咖喱粉后，增强食欲的辛辣香气更加醇厚了。

材料（做一个的量）

＝用直径20厘米的平底锅＝

（面包材料）

P100橄榄佛卡夏的材料 …… 全部

（馅料）

维也纳香肠 …… 3根

水煮鹌鹑蛋 …… 4个

咖喱粉、盐 …… 各少许

（装饰）

咖喱粉 …… 少许

橄榄油 …… 适量

馅料的准备

将香肠斜着切成厚5毫米的斜片。将鹌鹑蛋纵向切成两半。

（1/4量的热量285千卡，含盐1.4克）

土豆培根佛卡夏

切成条的酥脆土豆让人吃了就停不下来！培根也切成细条，又香又脆。

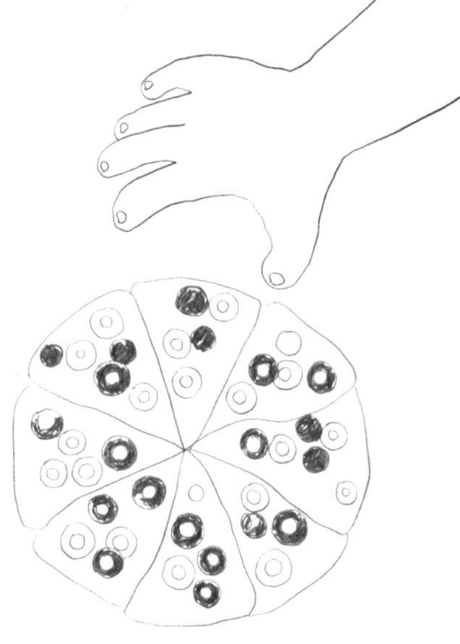

材料（做一个的量）

=用直径20厘米的平底锅=

（面包材料）

P43橄榄佛卡夏的材料……全部

（馅料）

培根……2片

土豆……1/2个

盐、粗粒黑胡椒……各少许

（装饰）

粗粒黑胡椒……少许

橄榄油……适量

馅料的准备

土豆带皮清洗干净后，和培根一样都切成细条。

（1/4量的热量269千卡，含盐1.2克）

凤尾鱼番茄比萨

风尾鱼的咸味和鲜度是决定味道的关键。很好地保留了竹笋的口感。

用佛卡夏来做比萨！

也可以用佛卡夏来代替做比萨用的面团。烤好一面，放上馅料后再烤另一面就可以。看到软软的芝士，情不自禁就想伸手拿来吃！

材料（做一个的量）

= 用直径20厘米的平底锅 =

（面包材料）

P100橄榄佛卡夏的材料	全部

（馅料）

市场上销售的比萨酱	1.5 ~ 2大匙
绿竹笋	1根
番茄块	1/2个
凤尾鱼（鱼片）	2 ~ 3片
比萨用芝士	30克
香芹末	少许
橄榄油	适量

准备工作

- 将竹笋根部坚硬的部分切掉，然后纵向切成一半，再切成3厘米的小块。
- 将凤尾鱼撕成小块。

制作方法

1 放上馅料

参考P100 ~ 102的“橄榄佛卡夏”制作方法进行同样的作业。但是，在步骤7中不要放馅料，用毛刷在面团的表面适量地涂上橄榄油。另外，在步骤8中烤完面团的单面之后上下翻转，再将馅料按顺序摆好。

2 烘烤

盖上锅盖，用微火加热7 ~ 9分钟。

（1/4量的热量258千卡，含盐1.4克）

chapter

6

用自发粉做手撕司康

若想轻而易举就做成手撕面包，
自发粉可以起到很大的作用！
不用揉按和发酵就可以完成
如蛋糕一样有一定黏性、
会在嘴里入口即化的司康。
做成圆形，大家一起分享吧！

咸味焦糖司康

将冰凉的黄油充分混合好，做出口感柔软的司康。向焦糖中加入盐，做成咸甜的口味！

材料（做一个的量）

=用直径20厘米的平底锅=

（面包材料）

- 自发粉……250克
- 黄油……55克
- 牛奶……4大匙

（馅料）

- 焦糖……100克

盐（粗粒的）……适量

做干粉用的低筋粉……适量

准备工作

将黄油和焦糖都切成1厘米的块状。

制作方法

用杯子塑形，烘烤！

1 混合材料

在碗里放入自发粉、黄油。用硬卡片将黄油切得细细的，直到整体成为肉松状，黄油充分和自发粉融合为止。加入牛奶后，继续用硬卡片混合搅拌，使整体都混合好。最后加入焦糖和一撮盐，大致混合即可（图A）。

A

2 用杯子做出面团的形状

将步骤1中的材料揉成一个面团，取出放在操作台上，将其擀成厚2厘米的面团。然后在口径6厘米杯子（或者小锅）的杯口上涂干粉，扣在面团上，取下的面团就有了相应的形状。将剩下的面团揉在一起，重新擀好，做出10个塑形面团（最后将剩下的面团擀薄，贴在已经做好的塑形面团上即可）。

3 放进平底锅里烘烤

在直径20厘米的平底锅里铺上薄布，将步骤2中的面团按照中间3个、周围7个的形式进行摆放。然后盖上锅盖，用微火加热10～12分钟。最后将面团连着薄布一起取出，放在一个比平底锅大一圈的盘子上即可。

4 两面都烤好了之后，就完成了

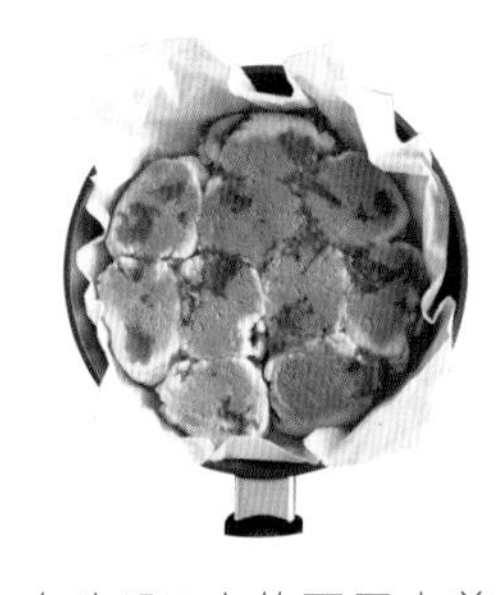

在步骤3中的面团上盖上新薄布（图B），将平底锅倒过来盖住面团，把盘子和平底锅一起上下翻转。摘掉旧薄布，再盖上锅盖用微火加热4～5分钟。最后连同新薄布一起将面团取出冷却，再撒上少许盐即可。

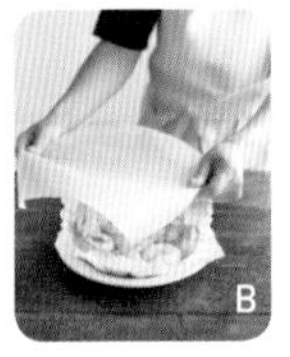

B

（1/4量的热量359千卡，含盐1.0克）

多彩巧克力司康

用各种颜色的巧克力装饰。看着也很享受，是零食时间的高潮！

混合各种各样的馅料，做成甜蜜的司康！

材料（做一个的量）

=用直径20厘米的平底锅=

（面包材料）

- P110咸味焦糖司康的材料 ………… 全部

（馅料）

- 彩色巧克力 ………… 60克
- 做干粉用的低筋粉 ………… 适量

制作方法

参考P110“咸味焦糖司康”的制作方法。但是，要替换与面团混合的馅料。将面包材料全部混合好后，将馅料加进去，大致混合好。当面团变成颗粒状时就OK了！

（1/5量含有333千卡，盐0.7克）

奶茶味司康

将泡好的红茶连带茶叶一起加入面团材料中，可以作出香气醇厚高品质的味道。

材料（做一个的量）

=用直径20厘米的平底锅=

（面包材料）

P110咸味焦糖司康的材料（除牛奶）…… 全部

（馅料）

（红茶水）

喜欢的红茶茶叶…… 2小匙

牛奶…… 3大匙

水…… 2大匙

（装饰）

（红茶糖衣）

粉状砂糖…… 25克

红茶液…… 1小匙

杏仁片（烘烤好的）…… 10克

做干粉用的低筋粉…… 适量

馅料的准备

向耐热容器里加入红茶水配料中的茶叶和水，轻轻地盖上保鲜膜，用微波炉加热1分钟。取出做糖衣用的1小匙红茶液后，剩下的与牛奶混合。

装饰

将红茶糖衣的材料混合好，用勺子涂在面包上。最后撒上杏仁片。

（1/5量的热量304千卡，含盐0.7克）

花生黄油司康

以风味浓甜的花生黄油为基础，加上香脆的坚果，美味更加浓厚。

材料（做一个的量）

＝用直径20厘米的平底锅＝

（面包材料）

P110咸味焦糖司康的材料 ………………………… 全部

（馅料）

混合坚果（烘烤过的，不含盐分的）………………60克

花生黄油（含糖）…………………………………… 3大匙

做干粉用的低筋粉……………………………………… 适量

馅料的准备

将混合坚果切成较大的块状。

（1/5量的热量413千卡，含盐0.8克）

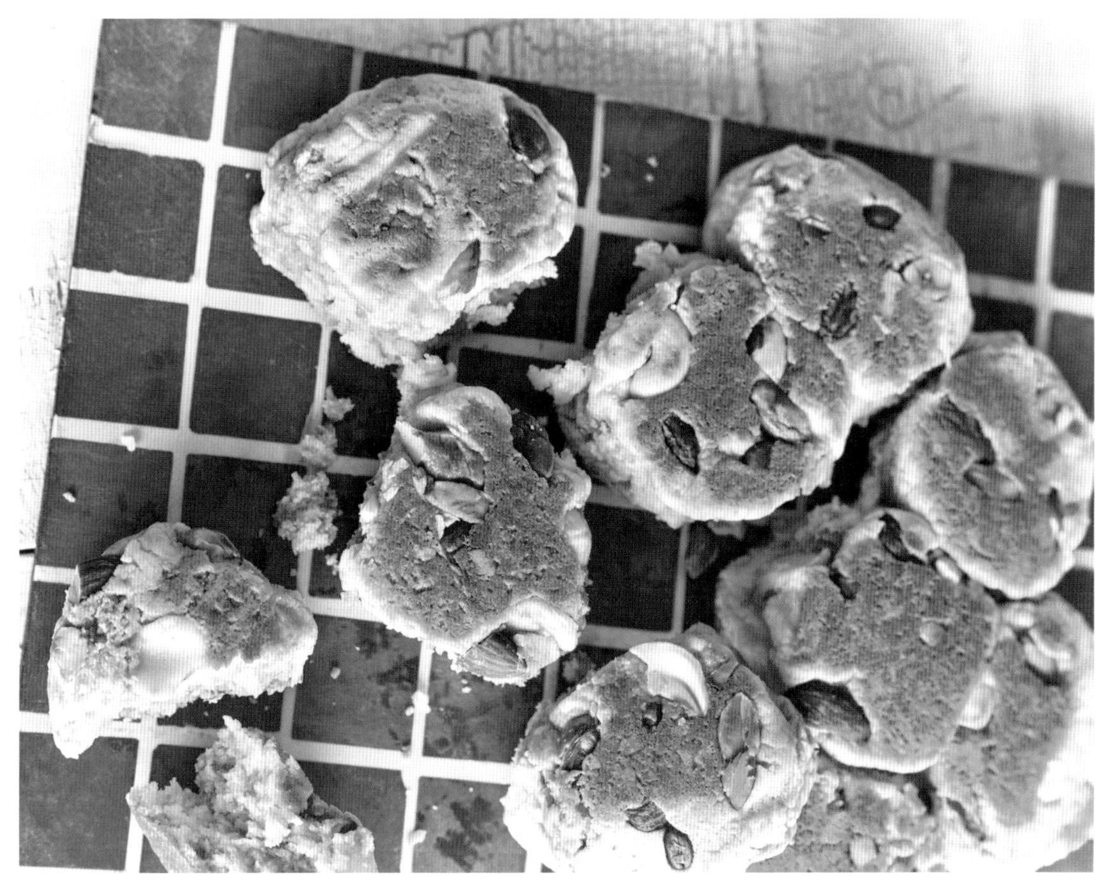

蔓越莓绿茶司康

在颜色鲜艳的抹茶面团上，加上蔓越莓和葡萄干。
苦味和酸味恰到好处地混合在一起！

材料（做一个的量）

=用直径20厘米的平底锅=

（面包材料）
- P110咸味焦糖司康的材料 …………………… 全部
- 抹茶 ………………………………………… 1/2大匙*

（馅料）
- 蔓越莓干 ………………………………… 30克
- 葡萄干 …………………………………… 30克

（装饰）
- 白巧克力 ……………………… 1块（约40克）
- 抹茶 ………………………………………… 1/2小匙

做干粉用的低筋粉………………………… 适量

装饰

将白巧克力切好后放入耐热容器里，不盖保鲜膜，用微波炉加热30秒。用勺子充分搅拌，再加入抹茶混合好。用勺子像画线一样淋在面包上。

（1/5量的热量361千卡，含盐0.7克）

*提前混合在自发粉里。

POINT

巧克力如果没有完全熔化的话，在加入抹茶前，根据具体情况，以10秒为基准继续进行加热。

棉花糖曲奇司康

在烤好前加上棉花糖做装饰。
棉花糖熔化后，和酥脆的曲奇结合起来，成为绝妙的甜品搭档！

材料（做一个的量）

= 用直径20厘米的平底锅 =

（面包材料）
- P110咸味焦糖司康的材料 …………… 全部

（馅料）
- 奶油可可曲奇 …………………………… 50克

（装饰）
- 棉花糖 …………………………………… 40克

做干粉用的低筋粉………………………… 适量

馅料的准备

将曲奇切成小块。

装饰

将棉花糖切成1.5厘米的块状。烤完面团的单面后，上下翻转并放上棉花糖，继续烤另一面。

（1/5量的热量349千卡，含盐0.8克）

POINT

和P110的步骤4相同，盖上锅盖继续烤，将棉花糖熔化。

chapter

7

用自发粉做手撕蒸面包

将怀旧的蒸面包变身为更可爱的花环形！
饱满又有弹性的口感让人超级满足。
因使用自发粉，
所以只用20分钟就可以做好。
想吃时就可以快速做好，
零食也可以这样做！

苹果蒸面包

将材料全部混合好，再将面团揉圆后蒸好即可！可以体会到饱满的口感和苹果淡淡的酸味。

材料（做一个的量）

＝用直径20厘米的平底锅＝

（面包材料）

自发粉	250克
水	4大匙
沙拉油	2大匙

（馅料）

苹果	1/2个
做干粉用的低筋粉	适量

准备工作

将苹果带皮洗干净，取出苹果核后，将果肉切成1厘米的块状（净重80克）。

制作方法

将面团揉圆后蒸煮！

1 混合材料

向碗里放入全部的面包材料和馅料，用橡皮刮刀将其混合至没有粉状物。用手掌不断地揉按，至材料全部融为一体。

2 揉圆

将步骤1中的面团平均分成10份。在手上涂一些干粉，用手掌转动面团使其变圆。

3 摆放在平底锅里

在直径20厘米的平底锅里加入1杯热水，再铺上30厘米长的薄布（注意不要烫伤）。将步骤2中的面团沿着平底锅的边缘摆好。将薄布的对角用订书针固定，再盖上锅盖（图A）。

4 蒸好就完成了

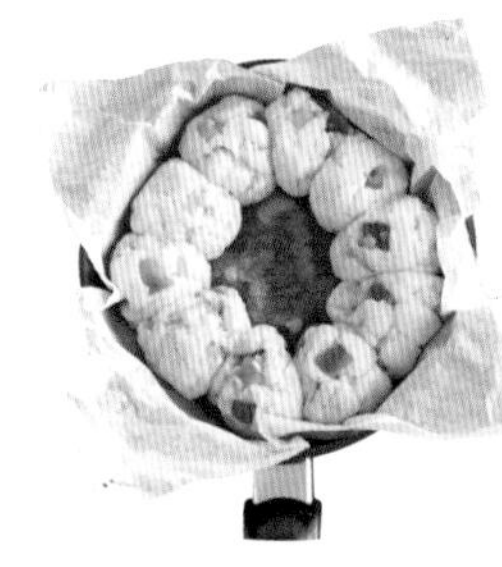

将3中的平底锅用中火加热，待水烧开后，就这样加热1分钟，再改为微火蒸12分钟。打开薄布，连薄布一起将面团取出放在网架上，冷却。

（1/5量的热量242千卡，含盐0.5克）

南瓜蒸面包

将南瓜捣碎后进行混合搅拌，就可以将面团染成很可爱的黄色。味道也变得甘甜。

夹上各种各样的馅料，做成多彩的蒸面包！

材料（做一个的量）

= 用直径20厘米的平底锅 =

（面包材料）

P118苹果蒸面包的材料 ………………………………… 全部

（馅料）

南瓜 ………………………………… 1/10个（净重100克）

做干粉用的低筋粉…………………………………………… 适量

馅料的准备

将南瓜切成可以一口吃掉的大小，再削掉皮，放入耐热容器里。轻轻地盖上保鲜膜，放入微波炉中加热2分钟，用叉子将其捣碎。

制作方法

参考P118的“苹果蒸面包”进行同样的作业。但是，要替换混在面团里的馅料。将面包材料和馅料全部放进碗里，充分搅拌。避免馅料都集中在一个地方，使其均匀分布在整个面团里。

（1/5量的热量246千卡，含盐0.5克）

番茄玉米蒸面包

用番茄汁代替水，让咸味稍微突出。用切好的西兰花来增添色彩。

材料（做一个的量）

=用直径20厘米的平底锅=

（面包材料）

P118苹果蒸面包的材料（除水之外）……………… 全部
番茄汁（不含盐）…………………………………… 4大匙

（馅料）

整个玉米（罐装，除去汁液）…………………………50克
西兰花 ………………………………………………30克
做干粉用的低筋粉………………………………… 适量

馅料的准备

去除玉米的汁液。将西兰花从茎处分离，撕成比较容易吃的大小即可。

（1/5量的热量240千卡，含盐0.6克）

芝麻甘薯蒸面包

淡淡的甜味和松软的口感都来源于甘薯。送入口中的时候，又可以闻到芝麻的香气。

材料（做一个的量）

=用直径20厘米的平底锅=

（面包材料）

P118苹果蒸面包的材料 …………………………… 全部

（馅料）

甘薯 ………………………………… 1/3根（约100克）

黑芝麻 ……………………………………………… 1大匙

（装饰）

蜂蜜 ………………………………………………… 适量

做干粉用的低筋粉………………………………… 适量

馅料的准备

甘薯带皮清洗好后，将其切成1厘米的块状，在水中泡5分钟左右。然后将水汽擦干净放入耐热容器中，轻轻地盖上保鲜膜，用微波炉加热2分钟。

（1/5量的热量291千卡，含盐0.5克）

可可核桃蒸面包

享受可可面团的淡淡苦味与核桃的香脆口感。作为咖啡的配餐怎么样呢?

材料（做一个的量）

＝用直径20厘米的平底锅＝

（面包材料）

P118苹果蒸面包的材料（除了水）……………………… 全部
可可粉 ………………………………………………………2大匙*
水 …………………………………………………… $4\frac{1}{3}$大匙

（馅料）

核桃（烘烤・不含盐）……………………………………50克
做干粉用的低筋粉……………………………………… 适量

*提前混合在自发粉中。

馅料的准备

将核桃切得较大一些备用。

（1/5量的热量302千卡，含盐0.5克）

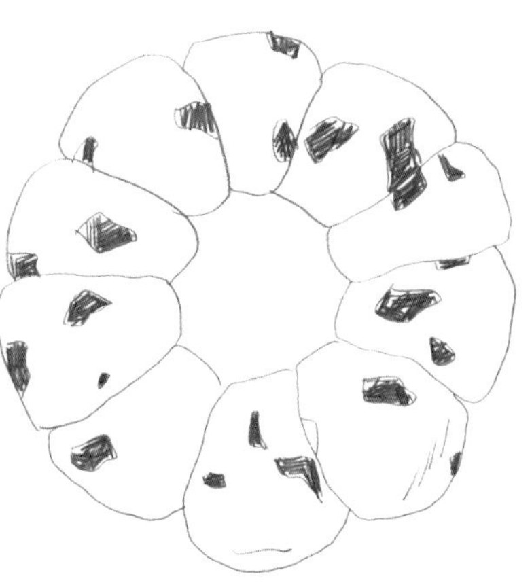

将蒸面包做成肉包子！

小肉包

只需要将冷冻的烧卖直接包起来就可以了！变身成烧卖肉包。

材料（做一个的量）

= 用直径20厘米的平底锅 =

（面包材料）

P118苹果蒸面包的材料 ……… 全部

（馅料）

市场上销售的冷冻烧卖 ………… 10个

做干粉用的低筋粉…………………… 适量

日式黄芥末、酱油……………… 各适量

1 拉伸面团

参考P118“苹果蒸面包”的步骤1揉面（但是不混合馅料），将面团分成10等份。在手上涂一些干粉，将面团轻轻揉圆后，分别擀成直径8厘米的面皮。

2 包上烧卖，蒸好即可

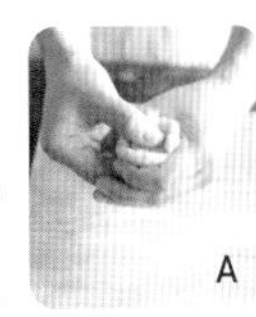

A

向步骤1中的面团里分别放上冷冻状态下的烧卖，然后包好（图A）。在手掌上转动一下将形状整理好。与P118的步骤3～4一样，将气口朝下摆好，开始蒸就可以。最后加上芥末、酱油。

（1/5量的热量286千卡，含盐1.1克）

专栏

从秘诀到享受制作乐趣，关于平底锅手撕面包的 Q&A

Q 用什么样的平底锅要好一些呢？

准备好直径20厘米、锅壁高4厘米以上的平底锅。

直径20厘米是能让面团整体均匀受热的最佳尺寸。本书的食谱中大都使用直径20厘米的平底锅。使用锅壁接近垂直的平底锅（底面不是逐渐缩小的），做出来的形状会比较好看。材质不论薄厚均可以使用，但不用氟化乙烯树脂加工而成的锅，而是用铁制的平底锅。不过，烤好的面包颜色会有差异，所以要根据具体情况自己调整烤制时间。最好选用偏圆的、没有气孔的锅盖。

面团没有很好地膨起来，这是为什么？

酵母液是否加热过度，或发酵的时候加热过度了。

为了让酵母变得更有活性，我们会用微波炉加热配制酵母液的水或酸奶。但是，一旦温度达到45℃以上，就会导致酵母活性降低。用手指轻轻触碰，如果太热，就在加入酵母之前稍微冷却一下。

此外，在发酵过程中若是加热过度，会导致面团在还没有膨胀的时候就先烤熟了。加热是为了提高平底锅内的温度，帮助酵母提高其活性。请注意使用微火和严格控制1分钟的加热时间。轻轻触碰平底锅的侧面，稍微有点热就是刚刚好。若面团已经烤熟了，就这样接着烤也可以，但是最后口感会变得有些坚硬。

Q 可以冷冻保存吗？

大多数手撕面包可以在烤好的状态下冷冻保存！

除了热狗面包三明治、小松饼三明治以及使用不适合冷冻食材的面包外，都可以冷冻。在烤好的状态下，可以冷冻保存3周时间。待冷却后，用保鲜膜包起来，放入可以密封的袋子里，再放入冷冻室。吃的时候，将其移动到冷藏室里解冻，再轻轻地包上保鲜膜放入微波炉中加热（加热时间：1 ～ 2小块面包，加热20秒左右；完整1大块面包，加热40秒，再上下翻转，继续加热20秒左右）。

可以做出更大的尺寸吗？

使用直径26厘米的平底锅就可以做出尺寸1.5倍的面包！

下表中列举的面包，将其面团材料的分量增加为食谱中的1.5倍，再使用直径26厘米的平底锅，就可以做出尺寸1.5倍的面包了！揉面时间、烘烤时间都是原来的1.5倍。发酵时间还是按食谱原来的时间就可以。面团的切分方法和摆放方法，请参考下表。做带馅料的面包时，馅料也要增加为原来的1.5倍。

P64 ~基础热狗面包	将面团分为4等份，其中的1份再分成2等份。将小面团擀成长13厘米的棒状，大面团擀成长26厘米的棒状	
P80 ~肉桂面包卷	用擀面杖将面团擀为宽25厘米、长45厘米的长方形再卷起来。卷完后，切分为12等份	
P90 ~基础英式小松饼	将面团切分为9等份，再分别揉圆	
P100 ~橄榄佛卡夏	将面团配合着平底锅的大小按压展开，用厨房剪刀将其按放射形剪成12等份	

图书在版编目（CIP）数据

好吃的平底锅手撕面包/日本橘香出版社编著；新锐园艺工作室组译．—北京：中国农业出版社，2022.11
（完美烘焙术系列）
ISBN 978-7-109-28438-8

Ⅰ.①好… Ⅱ.①日…②新… Ⅲ.①面包-制作 Ⅳ.①TS213.2

中国版本图书馆CIP数据核字（2021）第126785号

合同登记号：01-2019-5483

高山和惠 本书菜品制作人，料理专家，红酒咨询师。擅长制作美味的面包和酒类，从日常料理到下酒菜，创造出很多让人回味无穷的人气食谱。常接受采访，并出版图书。通过倾心研究和日复一日的尝试，制作出好吃的平底锅手撕面包食谱，即使初学者也不会失败。越制作越有信心，将“可能无极限”作为自己的座右铭。喜欢黄油咸面包风味的手撕面包。

中国农业出版社出版
地址：北京市朝阳区麦子店街18号楼
邮编：100125
责任编辑：国 圆 郭晨茜
版式设计：国 圆 郭晨茜 责任校对：吴丽婷
印刷：北京通州皇家印刷厂
版次：2022年11月第1版
印次：2022年11月北京第1次印刷
发行：新华书店北京发行所
开本：787mm × 1092mm 1/16
印张：8.25
字数：200千字
定价：78.00元